湖北传统民居研究

湖北省住房和城乡建设厅 主编

U0254136

中国建筑工业出版社

序

　　湖北省位于长江中游，因地处洞庭湖以北而得名，是我国承东启西、连南接北的交通枢纽，有"九省通衢"、"鱼米之乡"的美誉。独特的地理区位，丰富的自然资源，悠久的人文历史，不仅造就了灿烂的荆楚文化，也给湖北建筑文化提供了坚实的基础，其中传统民居独树一帜，在我国建筑史上占据着重要的地位。

　　湖北传统民居按地域可分为鄂东南民居、鄂西北民居和鄂西民居；按民族可分为汉族民居和少数民族民居；从造型上可分为27种形制。湖北传统民居作为一方水土独特的精神创造和文化生态，体现了民族的生存智慧、建造技艺、社会伦理和审美意识等文明成果，既是历史的记忆、美丽的乡愁，也是永不过时的文化资本与精神财富。

　　传承优秀的传统民居文化，对于增强民族自豪感，培育民族精神和爱国主义品格，建设美丽乡村具有非常重要的意义。在城镇化快速推进过程中，我们都要自觉强化责任意识，加强传统民居保护，避免开发性的破坏；同时，积极探索传统民居可持续发展的途径，将优秀的建筑历史文化传承下去。这也正是我们开展湖北传统民居研究的目的和初衷。

湖北省住房和城乡建设厅厅长　尹维真

目录

第一章　湖北传统民居文化特点

一、建造历史的悠远绵长

湖北省地处中国中部，北接河南省，东连安徽省，东南与江西省相接，南邻湖南省，西靠重庆市，西北与陕西省交界。历史上是我国的经济中心，水陆交通运输枢纽。长江、汉江两大水运干线，连通南北，横贯东西，使武汉市成为名副其实的"九省通衢"。全省一半以上县市处于航运线上，是中国内河航运最发达的省区之一。另外，湖北又是"千湖之省"，湖泊星罗棋布，编织成引人入胜的水乡泽国。"九省通衢"、"千湖之省"，使湖北有着得"水"独厚的优势，众多的湖泊大多是古云梦泽淤塞分割而成，分布于长江与江汉之间，称为"江汉湖群"。全省通航河流229条，通航里程8385公里，居全国第6位，历史上是"南船北马"的交通节点。同时长江中下游平原，以沉淀大江大湖的澎湃气势和柔韧性情，造就了肥沃的土地，加上降水丰富，气候湿润，物产丰富，自古被称为"鱼米之乡"。

这种独特的地理区位、秀丽的自然景观、丰富的物产和人文历史。不仅造就了灿烂的楚文化；同时南来北往的各种文化在此交融，丰富了湖北文化的内涵，在选择和抗逆中也使得湖北的传统民居建筑独树一帜。

1. 六千多年前的湖北民居

1957年，考古工作者在湖北省枣阳市鹿头镇武庄村（雕龙碑）发现一处新石器时代氏族公社聚落遗址（图1-1），面积约5万平方米，距今约5000~6200年。中国社会科学院考古研究所先后对该遗址进行了五次发掘，出土了一大批珍贵文物，并发现了大量的水稻颗粒和稻壳，大型陶瓮、陶罐中还储存有栗、黍类粮食，还有大量陶具，包括炊具、饮食用具、贮藏容器等。这些文物说明这一地区有了十分成熟的农耕定居生活。有专家认为这个氏族公社聚落遗址可能为神农氏炎帝聚落遗址。最令人惊奇的是在出土的建筑遗址中，已经使用了石灰和混凝土（水硬性无机胶凝材料，类似现代硅酸盐水泥）的建筑材料，至今坚韧结实；同时，还出土了7个单元式结构房屋，每个房间都使用推拉式结构的房门。建筑平面呈"田"字形分布，以"十"字形隔墙支撑大跨度屋顶，并分隔成4个开间；部分残缺墙体高50厘米、宽40厘米。在靠近墙体或其近旁房间中设置有灶围和火种罐。这种成熟的建筑技术和方法，在中国史前考古学中尚属首次发现。

图1-1 枣阳雕龙碑新石器时代聚落遗址

1974年，考古工作者在枝江发现距今6000年的关庙山新石器时代遗址（图1-2），遗址南距长江仅8公里，遗址比四周农田高出约4米。关庙山发掘发现了两座较完整的方形红烧土房址，墙体系用灰色泥土掺大量红烧土渣筑成，含极少量碎陶片，外墙用掺有少量稻壳和稻草的生黏土抹平，屋顶也采用红烧土，系用掺有少量稻壳、稻草的生黏土抹成。这些说明这里是长江中游重要的农耕文化聚落遗址。

这两处6000多年前的遗址在建筑史上的意义：一是民居建筑普遍使用了独立有墙体和推拉式结构的房门，不仅表明原来使用的简陋柴门和草廉门已被先进的推拉门取代，更重要的是民居建筑已从地穴式和半地穴式完全走出了地面；二是石灰、红烧土和混凝土的使用，表明民居的建造技术取得了革命性的突破；三是"十"字形隔墙支撑大跨度屋顶和"田"字形4个开间房，表明原始单一栖身的居房已经发展到多功能的居住形式。

1979年，考古工作者又在应城市门板湾发现距今5000年的新石器时代遗址，在110多万平方米聚落群中央，建有一座占地22万多平方米的古城。城内发现一处建有围墙的约400平方米的院落，院落中建有带走廊的"四室一厅"民居。墙体约高出地面2米，布局有门、窗，墙上"插座"中保存有"火种"，室内火塘中柴薪灰烬尚存。2001年，门板湾新石器时代遗址被列入"全国重点文物保护单位"；此外，该遗址还被中国社会科学院考古研究所列入"20世纪中国考古大发现"。

门板湾新石器时代遗址表明：继枣阳市雕龙碑遗址和枝江关庙山遗址后，经过1000年的发展，门板湾遗址出现"院落中建有带走廊的'四室一厅'民居及门、窗、火种"等，说明湖北民居在居住和使用功能上已经完全成熟。这是目前国内发现面积最大、保存最完好的新石器时代房屋遗址（图1-3）。

1957年冬，蕲春毛家嘴村民挖塘泥时发现一处西周遗址（图1-4），面积约3万平方米。其中有约5000平方米木构建筑遗迹。在一处遗址中竖有粗细不等的木柱约280根，直径为20~30厘米，柱子横成列，纵成行，排列很有规律，其四周还立有镶嵌整齐的木板墙，有的柱子上还凿有榫眼，以便穿插横梁或夹扶板壁。从揭露的探方观察，可能为4~5个单体房屋。1996年，当地村民又在遗址附近发现一批铸有"文帝母日辛"铭文的方鼎和族徽西周铜礼器的窖藏。文帝是商代晚期的帝王（距今约3200年），其王后名日辛。这批西周铜礼器是文帝后裔为奉祀母后日辛的重器。可以推断房屋的主人是商王室后裔、西周贵族。专家们认为，这里应是一处大型干阑建筑群，为有阁有楼的贵族宫苑。

出土的商文帝后裔居住建筑群，不仅建筑规模宏伟，构件用材大，而且能制作板材和熟练使用榫卯工艺，反映出高度成熟的木结构建筑建造技术和十分先进的制作工具。由于当时各种原因，未能对这批建筑进行深入发掘，留下了无尽的遗憾！

图1-3　应城门板湾新石器时代遗址

图1-2　关庙山新石器时代遗址

图1-4　蕲春毛家嘴出土西周建筑群遗址

2. 三千年前的湖北民居

大约3000年前，中原人就将生活在江汉流域的南方部落称为"荆楚"。《诗经·商颂》有云，"维女荆楚，居国南方"。历史上荆楚建筑对全国影响也非常大。《楚辞》"鸟次兮屋上，水周兮堂下"、"高堂邃宇，槛层轩些。层台累榭，临高山些，坐堂伏槛，临曲池些"，"冬有突厦，夏室寒些；经堂入奥，朱尘筵些"。特别是楚成王建渚宫，灵王建章华台，奇侈瑰丽，精微宏丽，雕镂粲涂，浪漫神奇，堪称神州绝艺。以至鲁襄公竟然不顾跨周涉楚，到楚国来取经，仿建"楚宫"于鲁都曲阜。最为知名的是公元前535年修建的章华台（离宫）。可惜这些建筑都消失在历史长河中。我们只能从东汉文人边让《章华台赋》中"章华之台，筑干之室，穷木土之技，单珍府之实，举国营之，数年乃成。设长夜之淫宴，作北里之新声……被轻挂，曳华文，罗衣飘摇，组绮缤纷。纵轻躯以迅赴，若孤鹄之失群"的描述中来想象其辉弘和艳丽。

1984年文物普查时，考古人员在潜江龙湾区发现了一处楚国高台遗址群，总面积达200万平方米，有放鹰台、水章台、华家台、荷花台、徐公台等10多座夯土台基遗址，遗址中出土了春秋时期的灰瓦、烧结的

建筑构件和陶制生活用器残片（图1-5）。其中一处面积约3平方米坍塌的屋面，留下当时屋面结构和建造工艺。遗址群中最高最大的一座为放鹰台，面积约1300平方米。考古发掘揭露出三层红烧土台基，高出周边地面6~7米，台基周边有宫殿回廊的大型方柱础穴、础穴内为大圆形柱洞，柱洞下垫有石块；台基外侧有三条贝壳铺筑的甬道，长约10米、宽1米。放鹰台台基之高、规模之大、甬路辅筑之豪华，类似文献中描写的楚国宫殿建筑。经专家认定放鹰台可能为楚灵王所建章华台。

2000年，楚章华台被列为"全国十大考古新发现"之一。

特别值得提出的是：楚章华台这座2550年的建筑遗址至少有以下三个方面是中国古代建筑的源头。

一是宫殿的夯土台基上，每个柱础洞穴中都垫有防止立柱下沉的方片石。这种柱与石结合的结构形成中国木构建筑重要的组成部分：柱础。

二是坍塌的屋面遗留下完整的屋面结构：椽子铺设、瓦与瓦之间的搭接及防雨水技术，这种做法一直沿用到今天。

三是海贝铺就的贝壳路，这种硬化室外路面的地墁方法，形成了延续两千多年的官式石墁甬道、中国园林独特的卵石地墁和民居中砖地墁、瓦地墁与碎石墁。

图1-5 潜江章华台遗址

3. 封建社会的湖北民居

封建社会湖北民居在全国也有很大的影响，建于东汉初年的襄阳习家池被尊为中国郊野园林鼻祖（图1-6），计成在《园冶》的"郊野地"一节中有"围知版筑，构拟习池"的记载；三国吴黄二年所建武昌黄鹤楼（图1-7、图1-8）是江南四大名楼之一；隋开皇十二年所建当阳玉泉寺（图1-9）是"天下丛林四绝"之一；唐武德年所建黄梅县四祖寺（图1-10）、五祖寺（图1-11）是中国禅宗祖庭；宋政和年间始建、明永乐十年重建的武当山古建筑群（世界文化遗产，图1-12~图1-14）是著名的、明正德十四年所建钟祥明显陵（世界文化遗产，图1-15）是中国帝陵的典范……

应该特别提到的是：1967年在鄂州钢铁厂一个建筑工地发现的三国时期"孙将军墓"，该墓出土了一套青瓷院落的民居（图1-16），其布局呈"回"字形，外围建有院落，四周树立碉楼，正中建有门楼，刻有"孙将军门楼也"六字，围墙内建有四座民房围合的天井院，可以推断这是一座将军府第的建筑模型。无独有偶，1991年在离孙将军墓东约30米处的一座墓中，又出土了一套类似的"青瓷仓院"（图1-17）。这座建筑模型除院落和房屋外，还设置有四个粮仓。经考证，这两座墓分别是孙权侄儿孙邻、侄孙孙述之墓。

另外，1986年在武汉黄陂刘集蔡塘角村的一座吴墓中，出土了一座青瓷院落，院落呈长方形，由围墙、正楼、角楼、正房、左右厢房及谷仓组成。院落四周高筑院墙，院墙正中为院门，门上筑有门楼，四角分别筑有角楼，屋顶均为庑殿式瓦盖顶。围墙内为三房围合的天井院，是一座具有防御功能的封建庄园的建筑模型（图1-18）。

这三座1700年前的青瓷模型展现四合天井院落和三合天井院落的建筑形制，已成为湖北民居建筑最常见的建筑形式，并作为民居建筑的基因，一直流传到今天。

湖北传统民居的历史，让我们慢慢游历在一个变化多样建筑的进程中，感受到一种情绪兴奋和不愿停止的气势、运动和力量，传达出某种无限的、不可穷尽的内在精神。使人清晰地感受到那整体自然与人生的牧歌式的亲切关系，表达了一种生活的精神和人生的理想。

湖北传统民居是中国建筑文化极具特色的组成部分，这些建筑与我国其他地区发现的同时期建筑相比，无论是在建筑材料还是在建筑技术上都各领风骚。特别是山地建筑，受外界干扰较小，是区域文化和自然环境直接演化的结果，具有明显地域特征和民族特征，生动地反映了人与自然和谐共生的关系，是民族的瑰宝和民间智慧的结晶，蕴含着湖北人特有的精神价值、思维方式、体现出顽强的生命力和创造力。

图1-6 襄阳习家池

图1-7　1981年重新修复的黄鹤楼

图1-8　元·夏永《黄鹤楼图》

图1-9　当阳玉泉寺

图1-10　黄梅县四祖寺

图1-11　黄梅县五祖寺

图1-12　武当山紫霄宫

图1-13　武当山南岩宫

图1-14　武当山金顶

图1-15　钟祥明显陵

图1-16　鄂州出土三国时期孙将军门楼

图1-17　鄂州出土三国时期青瓷仓院

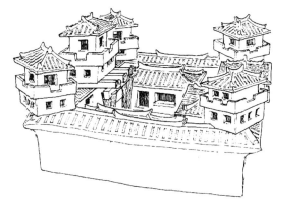

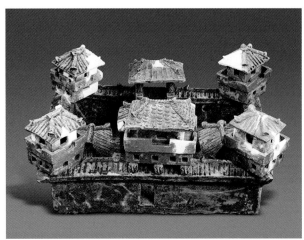

图1-18　黄陂刘集出土三国时期青瓷院落

二、天人合一的建造理念

中国是个农业大国，"天时、地利、人和"与"天人合一"的思想是农业文明的产物。中国的原始农业至迟在距今12000~13000年开始，这一时期地球处于间冰期，气候温暖湿润，草本植物生长茂盛，禾本科植物增多。2001年，考古学家在浙江省金华浦江县的上山遗址出土的夹炭陶片表面发现许多稻壳印痕，胎

土中亦夹杂大量稻壳，经取样分析，这些稻壳为人工选择的早期栽培稻，时间距今约10000年。学者们认为这是农耕定居的物证，也是旧石器时代过渡到新石器时代的重要标志。

湖北省位于我国中部，全省除高山地区外，大部分为亚热带季风性湿润气候，阳光充足，热量丰富，无霜期长，降水充沛，雨热同季。这种自然环境和气候，非常适合农业生产。在中国古史传说中，中华民族的先祖神农氏就住在这里，并在尝百草过程中发现了谷物，并开始种植。1983年考古人员在宜都枝城北遗址发现了距今8000年左右的早期栽培稻，可以推断至迟在一万年前，湖北人民就开始了农耕定居生活。换句话说：湖北的原始农业与浙江"上山遗址"的原始农业应在同一时期。

原始农业与自然时序有着极为密切的关系。在农耕与自然的关系中，人们逐步认识到植物的生长周期与天象之间联系。从"日出而作、日落而息"认识了天的变化；从"月圆月缺"感知月的周期；从一岁一枯荣的花开花落观察到年的到来，人类有了年、月、日的概念，并总结出"太阳历""太阴历"等历法以指导生活和劳动。农业生产中根据季节的更替安排农活，决定了人的思维最先反映在人与天的关系上，人类与天的联系更加紧密、"合一"。民以食为天，是农业文明最实际的政治目标。原始天命论所处的夏、商、周时代，人们虔诚地相信大自然与人世间一切都是天（上帝）主宰。从虞舜祭天拜地起，就有了把天道引入政治的暗示；殷墟甲骨卜辞中，有大量的占卜天命纪录；先秦诸子百家的思想中，道家认为人和天都是自然的一部分。老子曰"人法地，地法天，天法道，道法自然"；庄子曰"人与天，一也"，"有人，天也。有天，亦天也"。人与天地自然同属一个生命场，因此人与自然之间应相互依存、和谐相处；儒家从孔子开始的，天道就是青春，以生生启蒙万物，当其拟人化时，便使人生和政治都有了青春期。儒家的"天人合一"思想是从《周易》"敬天保德"发轫，孔子"死生有命，富贵在天"，经过孟子"尽其心者，知其性也。知其性，则知天矣"，至荀子提出"天地

生君子，君子理天地”不断完善。汉代，董仲舒将这种思想归纳为“天人之际，合而为一”。从此“天人合一”思想成为中华传统文化的主体。

民居中“天人合一”的思想，一方面表现为追求模拟自然的淡雅质朴之美，另一方面表现为注重对自然的直接因借，与山水环境契合。枣阳新石器时代雕龙碑氏族公社聚落遗址，位于沙河与水牛河交汇处的台地上。东连桐柏山脉，西是一望无际的平川，南靠鹿头镇，北接河南唐河、桐柏。水源充足，土地肥沃，交通便利。这样的生物圈，不仅自然环境优美，而且为古人类从事渔猎、稼穑提供了良好的条件。又如春秋战国时期楚都纪南城，北依纪山，西接八岭山，东傍雨台山，南濒长江，真可谓水萦山绕，天造地设，这种对自然的直接因借，不仅节约了建设成本，缩短了建设工期；而且四周山峦重叠的地形地势对纪南城形成一种拱卫，并将环境巧妙转化为背景和依托，展示出建筑、人与自然环境有机统一的和谐之美。再如襄阳古城（图1-19），三面环水，一面靠山，

图1-19　襄阳古城

为契合"参天作城"、"取势纳气"，以汉水为护城河，以岘山为靠山，给人一种雄伟大气、舒旷悠远的纵深感和磅礴感。

农耕生产必然促进精耕细作的农业，孕育了内敛式自给自足的生活方式和农政思想。定居形成的家族和乡村管理制度，共同积淀为以渔樵耕读为代表的农耕文明，即既有"耕"来维持家庭生活，又有"读"来提高家庭成员的文化知识。反映在传统民居上就是"法天营居"，将"天"融入民居的平面布局和空间组织中。将自然环境与人间事物有机结合，表现为因天时循地利，在自然中摆正自己的位置。

明崇祯元年（1628年）建于南漳板桥镇的冯氏天井围屋（图1-20、图1-21），建筑依山就势，布局呈棋盘格横向排列，十字线对称。宅前屋后，林木成荫，可以说，是人与环境的和谐一致的典型民居。人居室内，"可以仰观山，俯听泉，旁睨竹林云石"，这种优美环境如世外桃源，让人心旷神怡。又如利川鱼木寨成永高夫妇神龛屋，将先人的"坟墓"紧贴住房修建，形成人神共居的建筑形式（图1-22）。再如利川长坪寨坝罗运章夫妇神龛屋，直接在住房的堂屋之中修造坟墓，墓碑与堂屋合为一体，人、鬼、神合居一室（图1-23）。这种将天地人之间有机循环的理念融入民居建筑，突出了主体性和伦理性的统一。天地人服从于运动不息的自然规律，天随人愿，人不违天地，与大自然和谐共生。

传统民居中"天人合一"思想所要达到的目标和意境，不能由语言概念来确指，而只能靠主体依其价值取向在经验范围内体悟。这种直觉体悟的思维在民居中表现为：与自然共生，与环境空间共存，与构成要素共荣，与景观审美共乐。感受和体悟人与自然、人与人相融相谐。置身在民居中感受到一种力量和理念的牵引，在有限的空间中去体悟自然的无限与永恒，感悟生命精神的深远和崇高。

图1-20 南漳板桥镇冯氏天井围屋

图1-21　南漳板桥镇冯氏天井围屋

图1-22　利川鱼木寨成永高夫妇神龛屋

图1-23　利川长坪寨坝罗运章夫妇神龛屋

三、山环水抱的宜居环境

传统民居俗称住宅，古代谓"宅"为"选择"。《黄帝宅经》给住宅下过一个很好的定义，"宅，择也，择吉处而营之也"，"宅者，人之本。人以宅为家，居若安，则家代昌吉"。由于中国古人深信天、地、人三者之间存在一种深奥莫测的因果关系，在选择阳宅和阴宅时找到一块顺天应人，得地脉之利的风水宝地，修建一处住宅，使家人世代昌吉，是古人梦寐以求的人生目标。为完成这一理想，必须要对居住的地方进行选择。这种选择理想环境的方法主要是通过"堪舆学"来实现。风水古称堪舆，"堪"意通"勘"，有勘察之意；"舆"本指车厢，有负载之意，引喻为疆土与地道。堪舆就是相地、占卜的意思。故风水术又称相地之术，即临场校察地理的方法，就是寻找地理环境的一种方法。

在湖北省第三次文物普查和传统民居调查中，我们发现无论是汉族居住的村庄还是少数民族的聚落选址，都受到"背山面水，负阴抱阳"和"四灵"环境的影响。传统聚落选址大多背山面水，或顺坡临河，或依丘建房。小桥曲径，荷塘溪池，鸡鸣狗叫，家禽成群。人居环境以崇尚自然和追求真趣为最高目标，以得体合宜为根本原则，以巧于因借为建造方法。优美景观在湖北传统村落中有着丰富而生动的体现。

风水学中还经常用"阴阳之枢纽，人伦之轨模"几个字概括民居。"阴阳之枢纽"是说中国人选择住宅地址时，应审慎考察地形、地质、水文、朝向、日照、气候、景观等环境因素，以顺应自然环境；"人伦之轨模"则是说修建住宅要符合常规的行为模式，不要简单修建华堂深宅，而是把住宅看作是个人与自然和谐的符号，选择适合健康平安使用空间，不能太大，也不要太小。

恩施市崔家坝镇滚龙坝村，其村落选址的依据是"枕山、环水、面屏"的风水模式，坪坝周围青龙、笔包、纱帽、马鞍、尖银、五峰、外坡、马环、宝塔、老虎诸山拱卫，一条小溪弯弯绕绕，全村总面积约5平方公里，以土家族为主的农民200余户，以大分散小聚合的形式居住在平地周边的山体缓坡上（图1-24）。聚合式农舍大多建于明清时期，村舍由石板小道相连，间以古树幽竹，与周围山水形胜和谐成趣，构成一幅生意盎然的美丽画卷。据称，明朝时，向大旺一族弃戈避祸，携家人家丁到滚龙坝落业发达。据《滚龙坝向氏族谱》记载："先祖向大发……明皇赐军饷善食职。崇祯年携眷征战，始于豫，复经楚，败于蜀，领其寥寥子孙及土卒弃戈奔走，由彭水经施州，昼宿密林，夜行小道，数月有许，奔至滚龙坝挽草落户，为免祸患，更名为向大旺。"清道光年间，向氏后裔向存道、向发道、向致道同胞三兄弟经科举步入仕坛。向发道曾立功于朝廷，品衔连升三级。滚龙坝人认为，向氏家族的发望源于这里的好风水：群山绕坪坝，雌雄二龙挟"水口"。此乃"夫妇媾而男女生，雌雄交而品物育，此天地化生之大机也。"

另如通山县宝石村，建于明万历四十三年（1615年），创建人舒红绪是万历皇帝的老师，他在告老还乡时，根据风水中"金鸡报晓、凤翔九天、狮象守水口"的择地标准，选中了九宫山南边丘陵缓坡地的一块台地，即背靠九宫山，左有金鸡山，右有凤翔山，前有狮象水口山，山环水抱。因河床堆积的卵石形如元宝，取名宝石。宝石村小桥流水，鹅卵石铺成的街巷，叠屋飞檐，粉墙黛瓦，如同一轴古代乡村画卷（图1-25）。

　　再如宣恩彭家寨背山面水，背靠山峦起伏的观音山，四周环绕着奇峰秀美的"十八罗汉"山，环抱龙潭河，对岸两屏山对峙，左山形同"元宝"；右山状如"莲花"（图1-26）。空谷传音，清风送爽；民居顺着斜坡上层层递进，每

图1-24　恩施滚龙坝村

图1-25　通山县宝石村

图1-26　宣恩彭家寨

栋吊脚楼自成体系，宛如仙居。寨前一块块稻田，含形辅势，蔚为壮观。山上青草白羊，绿草如茵，修竹含翠，田间鸭鹅觅食。一条40余米长的铁索桥将寨子与外界相连，土家女临水洗衣，儿童往来嬉戏；田园风光，天上人间。

又如丹江口市浪河饶氏庄园（图1-27），该庄园建在大山深处，为了聚气藏水，园主便在庄园的右侧修建一口风水塘，不但解决了生产生活用水，改善小气候，还起到了积水防火的作用。

图1-27 丹江口市浪河饶氏庄园

四、中轴对称的中和之美

湖北传统民居的格局是以"家"的概念为基础而展开,家在中国人的心目中就是千秋万代,子子孙孙。家是屋的向往与目标,屋是家的追求与归宿。从民居选址、布局模式、空间组织、建筑形制都反映出一种家的文化倾向,"秩序"与"礼制"成为家的主要构成要素。如何将伦理道德价值观中的秩序与礼制转化为民居建筑的要素,主要是通过建筑的平面布局和位置的组合来实现。即遵守中轴对称的"秩序",根据伦理辈分的"礼制"来分配住房,以达到"守"和"尊"的规范。并将建筑和室内装修的审美观念置于理性的支配之下,使伦理规范成为民居建筑独有的文化特色。

这种守"秩序"、尊"礼制"、注重中轴对称的需求促成了湖北民居最常见的组合形式:天井院、天井围屋和府第。

天井院是这三种形式中的基本组织形式,也就是说天井围屋和府第都是在这种形式上发展和演变而形成。这一演变规律也是以"家"的概念作为基础发展和展开。

天井院一般为一个小家庭居住,即一代人的住房;天井围屋则是这代人繁衍生息几代人,甚至几十代后,形成的大围屋,即几个天井院、或十几个天井院、甚至几十个天井院组合成的"大屋";府第是介入其中的一种特殊形式,其建造者必须是经过科举取得功名的官员,他们的住宅可以与祖辈的天井院拼合在一起,也可以单独构成合院式的围屋。

府第与天井围屋相比,最大的区别是大门的形制存在着等级上的差别,根据明清两朝法律规定,官宅宅门一般分为金柱大门和广亮大门。广亮门位于中柱间,大门里外形成面积相等的门洞;金柱门位于金柱间,大门外的门洞小于门里的门洞。金柱门和广亮门门庑深广,但只能有一间,远少于王府的三间或五间门。湖北官员府第均为金柱大门和广亮大门。

无论是天井院、天井围屋还是府第,其组群形式都要遵守的伦理规范和等级秩序。天井院南北正房一定由主人居住,后代子孙住在两侧的厢房。当这一代人繁衍发展到需要扩充新的天井院时,按棋盘式格局以老屋为中心向前扩张。由于老屋大多背靠山丘(即靠山),子孙的天井院则呈向心形顺中轴线往前向两则发展,并由此形成了长幼不同、尊卑有序的秩序和格局。可以说湖北传统民居的中轴对称和天井组群布局,反映出一种家庭伦理文化走向。民居内部庭院的经营以严整的格局、强烈的秩序,反映家族生活中人与人的关系,以及人应当遵守的伦理规范,具有一种中和之美。

以通山县王明璠大夫第为例。府第始建清咸丰年间,成于同治年间,占地达10000余平方米,分为老宅和府第。老宅为王父王松坡所建;府第即是王明璠退官回乡后修建。府第坐北朝南,三面环水,平面布局略呈长方形,棋盘格横向排列，以家祠为中轴，家祠由一条大巷贯通，直达祖宗殿，且体量较大（图1-28）。南向为金柱大门，门额上书"大夫第"三字（图1-29、图1-30）。家祠两侧分别布置面阔5间，通深5进的天井院住宅，每院设有天井、水井。中轴线南北向正房为主人居住；中轴两侧的供子孙居住；附属建筑安排在外围，供下人居住；主次分明，有着强烈的伦理规范和等级秩序。

另如南漳板桥镇冯氏天井围屋（图1-31、图1-32）。整个围屋按尊卑有序、长幼有别的原则进行布局。正中为冯氏民居的大门，大门是一个暗门楼，

寓意是衔天接地，取天地之灵气。门柱上雕有梅兰竹菊和喜鹊登梅的图案，显示着主人的财气。从大门进入，有一道通往院落的小门，木门有正门和侧门之分，只有贵客到来才能从大门口进入，但要进去院落则要从侧门进入，表示对主人的尊重。正门为主人专属。通往正房的台阶也设有三个信道，中间信道为主人和客人所走，两侧是下人行走通道。另外祖宗开凿的水井，被视为"龙脉"发迹之地，是民居中神圣不可侵犯的一部分，任何族人都不能有玷污水井的举动。

府第和天井围屋是传统天井合院式建筑，这些建

图1-28　通山县王明璠大夫第

图1-29　通山县王明璠大夫第金柱大门

图1-30　龙凤脊封火墙

图1-31 南漳板桥镇冯氏天井围屋

图1-32 南漳板桥镇冯氏天井围屋金柱大门

四、中轴对称的中和之美

筑是按照儒家思想的宗法家族观念组合的有层次序列的前后院落，在民居空间格局上体现为明确的中轴线，是方正中轴哲理思想和秩序的体现，表现出建筑组群渐进的层次和向祖屋围合形式。堂屋和祖屋是家庭生活的核心，为礼仪性建筑。厅堂、居室按长幼有序、尊卑不同的秩序排列。在厅堂中采用中轴线对称形式，对于"主右宾左"、"前堂后室"、"左昭右穆"等功能的界定在建筑分区中体现得十分明显。

天井合院俨然是一个"家天下"，是一个对称平衡、内外分明、层次井然的家族结构。从具体的建筑形式中，能理解抽象的社会模式。天井围屋中，南北向的北屋是最舒适和最安全的居室，是老人和祖辈的居所，祭祀的厅堂也设在北屋。东西厢房和倒座、后堂这些朝向不太理想的房屋是后辈人居所。这说明中国人把理性放在实用功能之上。越是格局讲究的民居，越是体现这一点。

天井院按南北纵轴线对称构筑房屋和院落，一般为"一正两厢"的组合形式。"一正"，即正房，正房三开间为家长或长辈所居，以中间为明间，两侧为次间，明间为家庭生活起居、红白事等活动之用，次间为卧室，正房坐北朝南，位于中轴线后端；"两厢"指沿南北轴线相向对称的东西厢房，为子女和晚辈的住处。在正房的左右建有耳房和小院，作为厨房和杂屋使用。这种中轴对称、规整严谨的布局，从空间形态上强调了"尊卑有序"、"男女有别"的传统伦理思想。

湖北传统民居的功能分区往往传递出守规则、求对称、重等级的意念。建筑的尊卑有序、内外有别是宗法制度的外化体现。住房内部布局遵循着中上侧下、后上前下、左上右下的次序进行安排；高而小的窗、封为墙、屏门等的设置，则保持了家庭的私密性，体现出内外有别的思想。比如天井院民居"北屋为尊，西厢为次，倒座为宾，杂物为附"的严格功能分区。这种布局遵循的是长幼有序、男女有别的封建伦理道德；同时也包含有对长辈的孝道以及家庭成员密切交往、彼此关怀的合理因素，以及普遍认可的实用价值、文化价值、精神价值和审美价值。

如红安县华家河祝家楼村天井院。据《祝氏家谱》记载，元末明初，祝氏祖先自江西迁来此地，历600余载，至今绵延23代。华家河群山环抱，茂林修竹，山溪流淌。祝家楼村坐北向南，背靠元宝山，面对荡马岭，山下渡水河流水潺潺，围合着一遍开阔地（图1-33、图1-34）。建筑布局为"一正两厢"的组合形式，正房为家长和尊者所居，坐北朝南，位于中轴线后端。东西厢房为晚辈的住处。另外，根据家族辈分安排民居前后序列，以巷道相连组合。祝家楼村民居的平面布局与空间组织结构，强调和突出建筑的群体性、集中性、秩序性、教化性，注重建筑环境的人伦道德与审美内涵的表达，反映出整个家族以血缘关系为纽带的伦理文化。这种血缘纽带维系着村落社会的宗族制度，对宗族村落的治理起到了凝固、律己、律人的作用。

图1-33 红安县祝家楼村

图1-34 红安县祝家楼村巷道

五、耕读传家的建造文化

湖北传统民居十分注重建筑装饰文化蕴涵的陶冶、愉悦与教育功能。

民居大多为砖木结构，装饰构件主要集中在封火山墙、脊饰和木结构的梁、枋和格扇门窗等部位，有钱人家还在木结构上悬挂匾额和楹联；装饰手法主要有砖雕、木雕、石雕、彩绘和灰塑；装饰题材主要有吉祥纹饰、动植物图案和历史人物故事等。一般的天井院民居主要对大门与梁架进行装饰，天井围屋和府第则非常讲究，整个建筑空间凡视线所及的地方，多有装饰。

题材的选择是民居装饰中最受关注的部分，体现出主人的文化修养、家庭地位和审美追求。由于两千多年楚文化、儒家思想和道家思想的影响，湖北民居形成了特有的审美情趣。天井院民居装修题材多为吉祥和动植物图案：植物图案是借助植物的同音、谐音或植物本身的特质来表现某一种吉祥的象征符号，用来反映对美好生活的愿望。如梅兰竹菊被赋予了"岁寒四君子"特定的意义；莲花因其出淤泥不染的特质，被誉为"花中君子"，用来形容主人品格高洁淡泊；牡丹誉为"百花之王"，象征着富贵；葡萄因其果实累累常代表着丰收，也代表着多子多孙；菊花象征着坚贞不屈的精神；芙蓉比附荣华；莲蓬则表达"早生贵子"；兰桂齐芳比附仕途昌达；松与鹤一起表达连年贺寿，平安长寿；鸳鸯戏水比附夫妻恩爱。同时，利用动物植物的名称，采取谐音取意的方式，比附民间通俗的吉祥用语。如鹿（禄）、蝙蝠（福）、花瓶（平安）、鱼（余）、猫蝶（耄耋）等，组合成多福禄喜庆、长寿安康、岁岁平安、年年有余、龙凤呈祥、望子成龙等题材，达到"图必有意，意必吉祥"，表达人们对美好生活的追求和平安吉祥的向往，抒发祈求吉祥、消灾弭患的愿望。这些装饰图案是在长期的生产生活中形成的吉祥符号，具有广泛的通识性。

装修槅扇的细部处理，多以历史典故、神话传说、山水风光、戏文故事、民谚传说为题材，借此达到道德教化的目的。历史典故大多是三顾茅庐、桃园结义、竹林七贤等，以强化和提升民居的文化内涵；山水风光是以山水比德，"仁者乐山、智者乐水"，同时借助山水的自然属性和特征加以延伸和情感化、伦理化的比附；民谚传说则是利用谚语、传说、掌故等附会形式，使人联想到民间习俗。如鲤鱼跳龙门隐喻登科及第，将道教中八仙使用的八种用器，组合成一组组图案隐喻神仙降临，同样，将佛教中的八种神器组合成八宝，象征佛法无边等（图1-35~图1-44）。

另外，匾额、楹联的装饰则以家庭伦理道德为出发点，体现父子关系、夫妇关系、兄弟关系和妯娌关系。所谓"名不正则言不顺，言不顺则事不成"。大门匾额写的是家训"诗书继世、忠厚传家"、楹联是"书为至宝一生用，心作良田万世耕"，也标榜科举出身的门第。透出一点高贵威严；状元府第要挂一块"状元及第"的四字匾；进士出身的也要挂上"进士弟"；举人出身悬上

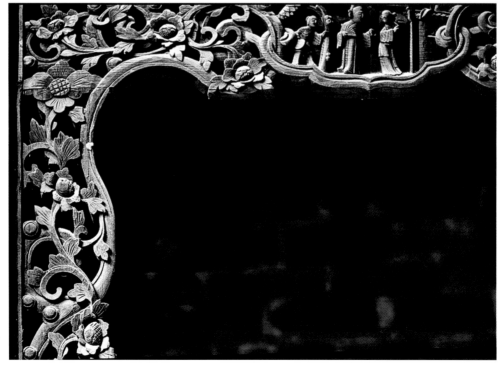

图1-35 红安吴氏祠木
雕吉祥图案和
戏文故事

五、耕读传家的建造文化

图1-36　利川鱼木寨石雕神话故事

图1-37　咸宁刘家桥系马石如意纹

图1-38　红安吴氏祠彩画神话故事

图1-39　红安吴氏祠彩画戏文故事

图1-40　利川鱼木寨六吉堂石雕神话故事

图1-41　利川鱼木寨石雕禹耕南山

图1-42　南漳冯氏民居木雕神话　　图1-43　咸宁刘家桥民居木雕戏文故事　　　　图1-44　红安吴氏祠祖德绵长木雕
故事

"文魁"二字；民居中常见楹联有"父子兄弟夫妇，人伦之大；一家之中，惟此三亲而已"、"父慈子孝天伦乐；兄友弟恭家道和"、"积善门第春常在；行善人家庆有余"。不仅门口要挂匾，厅堂更是要挂匾。做过外任地方官，离任后当地乡绅商贾送的"清廉方正"、"爱民如子"之类的颂德匾也要带回来，挂在堂中正匾的左右两侧。厅堂是一家的活动中心，也是接待宾客的重要场所，自然要给其取上一个雅训的堂号。堂号大致有两种，一种是姓氏堂号，另一种是自立堂号。汉族的每一个姓氏都有自己专有的堂号，如王姓的"太原堂"，李姓的"陇西堂"，姜姓的"东齐堂"，朱姓的"紫阳堂"，郑姓的"荥阳堂"等。姓氏堂号用于家庭厅堂、家谱名称等，是中国人重名心理的反映。使用更多的是自立堂号，一般用典故来比喻先祖的道德懿行。譬如杨姓的"四知堂"。堂号出自东汉名士杨震。东汉永初二年（108年），杨震调任东莱太守，路过昌邑，昌邑县令王密是他在荆州刺史任内荐举的官员，晚上带金十斤悄悄来拜访，杨震当场拒绝，说：故人知君，君不知故人，何也？王密以为杨震客气，便道：幕夜无知者！杨震说：天知、神知、我知、子知，何谓无知？王密只得带着礼物，狼狈而回。"四知"乃成为千古美谈，后人以此为堂号。除了这种赞美先祖外，还有训勉后人，激励家族后人进取的堂号。

堂号是民间家族文化中的一种用以慎终追远、团结血亲、敦宗睦族的符号标志，是寻根意识与祖先崇拜的体现，具有浓厚的宗亲色彩与精神凝聚力量。

天井围屋和府第民居最常见的装饰是渔樵耕读。渔是指东汉著名高士严子陵，少负才气，他是刘秀的同学，刘秀很赏识他。刘秀当了皇帝后多次请他做官，都被他婉拒。严子陵一生不仕，并隐居富春江一带打鱼为生，终老于林泉间。北宋名臣范仲淹任睦州知州时，在桐庐富春江严陵濑旁建了钓台和子陵祠，题写了《严先生祠堂记》，赞扬他"云山苍苍，江水泱泱，先生之风，山高水长"。严子陵以"高风亮节"闻名天下，被后世传颂为不慕权贵追求自适的榜样。樵是说西汉会稽人朱买臣覆水难收的故事。朱买臣出身贫寒，靠卖柴为生，但酷爱读书。妻子崔氏不堪其穷而改嫁他人。他仍自强不息，熟读《春秋》、《楚辞》，后来，朱买臣做了会稽太守。一天他乘车到了吴界，崔氏与丈夫正在为太守的车马铺路，当崔氏见太守就是朱买臣时，羞愧不已。朱买臣命人将崔氏与她丈夫带回，安置在太守官邸后园住下，每日供给饮食。有一天，崔氏跪下请罪，请朱买臣与她恢复夫妻关系。朱买臣取来一盆水泼在地上，令崔氏收回来，意思是覆水难收。耕：舜出身贫苦，曾在历山（鄄城东南境）种过地，舜早年丧母，其父听信后妻的谎言。百般虐待他，还企图害死他。但舜天性至孝，从不把父不义、母不慈、弟不恭的事情放在心上，相反，却把孝敬父母，友爱弟弟看作应尽的天职。三十岁被推荐为尧的继承人，在他的治理下，老百姓男耕女织，安居乐业，天下太平。读是指战国中期纵横家苏秦埋头苦读的故事。苏秦到秦国游说失败，只得返回家乡。他背着书箱，一脸羞愧之色，回到家里。妻子不下织机，嫂子不去做饭，父母不与他说话。苏秦见此情状，长叹道："妻子不把我当丈夫，嫂嫂不把我当小叔，父母不把我当儿子，这都是我的过错啊！"为博取功名，苏秦发愤读书，每天读书到深夜，每当要打瞌睡时，他就用铁锥子刺一下大腿来提神，鲜血一直流到脚跟。一年后，苏秦谒见游说赵王，赵王听了纵横之策，封苏秦为武安君，拜受相印。以兵车一百辆、锦绣一千匹、白璧一百对、黄金一万镒跟在他的后面，用来联合六国，抑制强秦。苏秦在去游说楚王的路上，经过洛阳，父母听到消息，收拾房屋，准备酒席，到三十里外郊野去迎接。妻子不敢正面看他，侧着耳朵听他说话。嫂子在地上匍匐，再三跪拜谢罪。

渔樵耕读是汉族农耕社会的四种业态，代表了汉族劳动人民的基本生活方式。古代人之所以喜欢渔樵耕读，除了对田园生活的恣意和淡泊自如的人生境界的向往，更多是内心深处对科举进仕，入朝为官，光耀祖宗的一种心理寄托或向往。渔樵耕读中的经典故事和典型人物，及动人情节并不都被后世子孙知晓，但作为一种精神符号，却受到普遍欢迎。如红安吴氏宗祠，在祖宗殿左右厢房上精心雕刻有一米见方的"渔樵耕读"四个大字（图1-45），以便吴氏族人在祀奉祖先时，随时牢记自己的职责。

如利川大水井李氏庄园，大门的堂号"青莲美荫"标榜自己是唐朝大诗人李白的后裔（图1-46）；李氏宗祠则更是一座充满伦理说教的殿堂。一进门，檐柱楹联"一等人忠臣孝子，两件事读书耕田"；中殿柱上楹联"祖宗虽远祭奠不可不诚，子孙虽愚经书不可不读"、"淫为万恶首，孝是百善先"等；梁架托墩形如宝瓶，雕刻精美，栩栩如生。特别是蝙蝠、翔凤等浅浮雕吉祥图案几乎到处都是，飞彩鎏金。中殿山墙外壁上下各有大石板建成的水池一口，左名"廉泉井"，壁书"忍"字（图1-47）。四角有"渔、樵、耕、读"的木雕；右名"让水

图1-45 红安吴氏祠渔樵耕读木雕

图1-46 大水井李氏宗祠"青莲美荫"匾额

图1-47 大水井李氏宗祠装饰

041

池"，壁书"耐"字。四角有"梅、兰、竹、菊"的木雕。祠堂还有大量彩瓷镶嵌、木雕、石雕、彩画，内容为神话传说、戏文故事、花草纹样、民间习俗等，楚地的神话幻想与北国的历史人物，儒学宣扬的道德节操与道家传播的仙山琼境，交织陈列在大水井人的眼前。生者、死者，仙人、鬼魅、历史人物、现世图景并陈，原始图腾、儒家教义和道家谶纬共置一室，形成一个想象混沌而丰富，情感热烈而粗豪的浪漫世界。表达李氏宗族对美好生活的追求和祈求平安吉祥的愿望；特别是楹联、匾额体现出浓厚情感与伦理关系和宗亲色彩，深蕴着慈悲情怀，是一种深层的孝道滋养。其价值取向仍然是弘扬"耕读传家"的审美旨趣。

六、节能环保的发展原则

湖北传统民居十分注重对建筑材料和建筑方式的选择，蕴含着深刻的保护环境、节约资源的理念。民居从聚落选址、总体布局、环境设计、建筑材料选取及建造方法都体现了"生态优化"的理念。

规划选址注重因地制宜，优化生态，强调巧借地形地势以达到节地、节约人力、物力的目的。如，山地丘陵地区的少数民族民居多依山就势、根据地势高低错落，采取吊脚取平，避免了大兴土木，减少土方量，不仅节能，而且保护环境。吊脚楼以木桩或石为支撑，架以楼板，四壁用木板，或用竹排涂泥，屋顶铺瓦或盖茅草。民居所使用的建筑材料都是可再生资源，而且对自然山地没有任何破坏；河湖水乡民居更是强调对河道的保护，建筑大多沿河湖港汊河道，临水建房，逶迤布局，建筑多为天井院，砖木结构、封火山墙，形成高低错落，为适合温湿的气候，前门通巷，后门临水，并建有小码头，供洗濯和汲水之用；江汉平原民居则注意保护耕地，建筑多选择土质较差地势较高的丘岗和高阜作为聚居区（图1-48、图1-49）。宗族势力较强的乡村，为保护良田，往往采取集中居住的办法，民居形式多为天井围屋（图1-50）。在没有条件集中居住的地方，大都分散住居在土地贫瘠的砂地和岗地。这种集聚村落不仅保护了耕地，节省了资源；而且大量使用不能生产农作物的砂地岗地，有利于建筑地基的稳定和村落的安全，形成发展活力。

在平面布局和空间组合上，通过采取合理的建筑朝向与构造方法达到节能宜居的目的。如三合天井院、四合天井院以及天井围屋，建筑布局形式基本上是南北方向，以天井院为中心，由正房屋、厢房、墙垣等围合成院落或多个院落，光照充足抵御冷空气侵袭，方便居民的起居及日常生活。天井口垂直朝天，风从天井吹向厅堂，进入通道，从后天井或侧庭院吹回形成循环，这种"天"和"井"的循环交换，使天井院的水冬暖夏凉、空气清洁；天井还有"拔气"作用，以达到夏季自然降温作用；同时，天井还能在接受天上的阳光和雨露的同时，散发掉天井中的霉气。天井由于占地面积较小，围合度较高，底部日照时间很短，外面的主导风不容易吹到底部，因此天井下部温湿度相对稳定。天

图1-48 南漳县巡检镇漫云村布局在土地贫瘠的砂地和岗地

图1-49 远安民居

图1-50　宣恩彭家寨

井下部就成为建筑热压通风的"冷源"。

　　民居在空间组合上根据"负阴抱阳"的原则，大门朝向当地神山或南方的水口山，为了与水口山在视野上保持一致，住宅大门也常与院墙、中轴线偏斜。从现代科学的角度来讲，这种布局和空间组合还能取得视野开阔、气流通畅、采光方便、放松心情、平静心绪的效果。

　　湖北传统民居经历了历史阶段的优胜劣汰，各地民居都形成了一套节能、节地、选择生态建材和环保的建筑方法。如江汉平原民居进深大，厅堂较高、出檐宽，住房、回廊门、窗的对称，有利于形成"穿堂风"。这种内部空间的开敞、通透，不耗能源、不产生污染，利用"穿堂风"达到了调节气温的目的，十分科学；少数民族地区的吊脚楼，四柱撑地，横梁对穿，上铺木板呈悬空阁楼，绕楼三面有悬空的走廊，开小窗隔热通风，较好的克服了鄂西山区夏季炎热、湿度大的气候缺点（图1-51）；丘陵地区的天井围屋，因保温隔热性能，冬暖夏凉，成为传统建筑的节能的典范（图1-52）；另外传统民居的外墙普遍粉刷白灰，既可反射阳光又能更好隔热，民居对自然资源的索取及对能源的利用都是可持续的。

　　湖北传统民居在选择绿化树种和美化环境方面也十分科学（图1-53、图1-54）。在住房前面应选择冬天不遮阳、夏天有阴凉、经济价值较高的树种，如水杉、香樟、臭椿、水杉、女贞、杨树等；左右适当间种桃、李、枇杷等中小型果树；屋后则选择冬天能挡寒风、夏日能遮阴的常绿树种，如杉木、楠木、香樟、柏木等；房屋四周选择生长迅速、枝叶繁茂，能吸附烟尘、防虫防蚊的樟树、榆树、油桐、酸枣等；有条件的农家还栽种脐橙、柚子、柿树、板栗、核桃、杏等作为果木园；天井中种栀子花、美人蕉、百日红、桂花等颜色娇艳、香气宜人的花木。使民居宜居，环境幽雅，并获得一定的经济效益。

图1-51　宣恩县彭家寨吊脚楼

图1-52　远安曾家湾天井围屋

图1-53　南漳巡检镇漫云村农居幽雅

图1-54　房屋四周选用枝叶繁茂、防虫的树种

七、追求卓越的创新意识

湖北传统民居造型最大的特点是"天人合一"、"凤飞龙舞"，这种的观念产生于农耕文化，萌芽于传说中"五帝"以前的混沌蒙昧时代，人与自然融为一体，人神相通，没有界限。"凤飞龙舞"就是文明时代来临之际，飞扬在荆楚大地上具有悠久历史的图腾旗帜。它代表着荆楚大地！代表着湖北！

凤是楚人的图腾，楚人尊凤源于祖先祝融的崇拜。《白虎通义》："南方之神祝融，其精为鸟，离为鸾"，鸾是凤的别称。楚人将"凤"视为图腾，还源于炎帝和周王朝。相传炎帝出生于岐山，岐山又是周王朝发祥之地。炎帝是楚人的先祖，岐山则成为龙兴之山。著名典故"凤鸣岐山，兴周八百年"，指的是周文王在岐山听到凤凰鸣叫，便将王室迁到岐山，周朝由此长达800年；凤凰则是吉祥的象征，《大戴礼记》曰："羽虫三百六十，凤凰为长"，故有"百鸟朝凤"之说。《说文解字》谓凤凰"见则天下大安"，是预示天下太平的祥瑞。楚人喜欢将凤喻人。《论语·微子》记载，楚国狂人接舆曾作歌云："凤兮凤兮！何德之衰？往者不可谏，来者犹可追"。春秋霸主楚庄王也将自己比作"三年不飞，飞将冲天；三年不鸣，鸣将惊人"的凤鸟。

中国的龙凤文化内涵早期与晚期不尽相同，龙凤的排序甚至颠倒的。

春秋时人们对龙且敬且畏，龙是和风化雨的祥瑞，也是狂涛骇浪的破坏者。龙虽为古代四灵之首（青龙、白虎、朱雀、玄武），但龙与凤的关系却很微妙，龙凤并列时，不是龙在凤前，而是凤在龙前。这种现象在先秦的出土文物中有大量的反映，不是"龙飞凤舞"，而是"凤飞龙舞"！这与我们在封建社会晚期见到的完全相反。

1978年湖北随州擂鼓墩出土的战国早期曾侯乙墓内棺漆画有《方相氏驱傩图》，内容是方相氏载着四眼面具在凤凰的引导下进行驱鬼。特别突出的是，凤在内棺漆画上占有十分鲜明和主要的位置，龙则作为一种陪衬画在次要的位置，这是一种真正意义上"凤飞龙舞"；擂鼓墩还出土了一件"鹿角立鹤"，位于主棺东北角，由鹤身、鹿角、底座三部分组成。吻部右侧有"曾侯乙作持用终"七字铭文。其实这是一只凤凰，它的主要作用是引导主人的灵魂升天。楚人以凤来招魂，《楚辞·大招》"魂兮归来，凤凰翔只"。魂在凤的导引下周游八极，《楚辞·远游》"前飞廉（凤凰）以启路"；20世纪80年代荆州沙市出土的凤纹圆奁、云梦出土凤纹扁壶、四川青川出土凤纹漆奁和河北西汉中山靖王墓出土凤凰衔环杯等，这些凤凰头戴花冠，或引颈高歌，或飞腾起舞，潇洒俊逸，给人一种升腾向上的兴奋感（图1-55、图1-56）。特别是随州擂鼓墩出土的主棺上的凤凰图案（图1-57、图1-58），生动再现了凤凰在上，龙在下，凤凰高于龙、虎的地位；还有江陵楚墓出土的立凤木雕和江陵雨台

四川青川郝家坪41号墓　　　　云梦睡虎地楚墓出土凤纹扁壶　　　沙市楚墓出土彩绘凤纹圆奁
出土凤纹漆奁（盖面）

图1-55　湖北、四川出土凤凰纹饰

图1-56　西汉中山靖王墓出土凤凰衔环杯（河北省博物馆藏）

山等地楚墓出土的木雕凤架鼓（图1-59），凤凰或振翅欲飞，或足踏虎背，气宇轩昂；尤其是出土于湖南长沙陈家大山楚墓的"凤龙相斗帛画"上的凤，更是神奇、英武；而龙则是凤凰的陪衬（图1-60）。

　　龙凤的形象在春秋战国也与封建社会后期不同。凤是由鸡、燕、蛇、龟、鱼五种祥瑞动物的复合而成。《山海经·南山经》："丹穴之山……有鸟焉，其状如鸡，五采而文，名曰凤皇，首文曰德，翼文曰义，背文曰礼，膺文曰仁，腹文曰信。是鸟也，饮食自然，自歌自舞，见则天下安宁"。郭璞注引《广雅》："凤，鸡头、燕额、蛇颈、龟背、鱼尾。雌曰凰，雄曰凤。"凤凰在曾侯乙墓内棺漆画中有着与记载完全吻合的画像。在这一画幅中也有龙的形象，龙画为蛇和鳄鱼的造型，居于附属和陪衬的位置。在这座棺画上专门突出了凤凰的位置，这些神鸟引导方相氏驱赶一切鬼怪，将主人的灵魂送往天国。

　　凤的那种叱咤风云的豪气，异彩纷呈的风采，正是楚文化精神的象征！可以

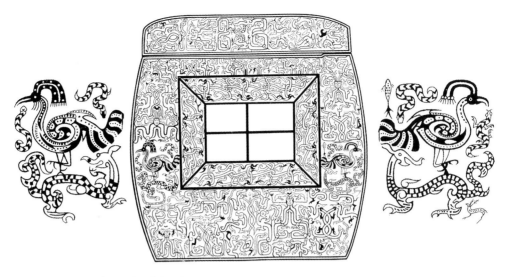

图1-57　湖北随州曾侯乙墓主内棺足挡

图1-58　随州曾侯乙墓主内棺侧纹饰

说，楚人尊崇凤，就是尊崇自己的祖先；楚人钟爱凤，就是钟爱自己的民族。炽热而又执着的巫风，既培育了楚人对神灵诚惶诚恐的虔敬，也诱发了他们对原始宗教艺术近乎狂热的、极富浪漫情调的创作激情。

　　这种原始的审美意调和艺术创作，不像后世理论家所认为的造型源于生活那样。相反，它们是一种狂烈的抽象思维。"凤飞龙舞"，正因为它们作为图腾所标记，所代表的一种狂热的巫术礼仪。这种火一般炽热虔信的巫术礼仪的组成部分或符号标记，是具有神力魔法的代表。它们浓缩着、积淀着楚地人们强烈的情感、思想、信仰和期望。虔诚而狂野、如醉如痴、如火如荼。就价值系统而言，则突出表现为"追求卓越、敢为人先"的观念、情感和创新意识。正是楚人这种自强不息敢为人先的精神，楚国一跃成为春秋五霸、战国七雄之一，成为诸侯惧怕盟主。《左传》记载，公元前710年，"蔡侯、郑伯会于邓，始惧楚也"！

　　我们说春秋战国时期是"凤飞龙舞"，凤在前龙在后。什么时候开始出现龙在前凤

七、追求卓越的创新意识

在后的"龙飞凤舞"呢？

目前所能见到最早的记载是东汉·张衡《东京赋》："我世祖龙飞白水，凤翔飞参墟。"说的是东汉开国皇帝刘秀出身在湖北枣阳白水，有凤凰飞翔。但这还只是一种隐喻，至于"龙飞凤舞"直接描述，则最早见于北宋·苏轼《表忠观碑》："天目之山，苕水出焉，龙飞凤舞，萃于临安"。有关"龙飞凤舞"的图像和造型则就更晚了。

其实在中国民俗文化中，龙一直是舞蹈的角色。董仲舒《春秋繁露》："春旱求雨……以甲乙日为大苍龙一，长八丈，居中央；为小龙七，各长四丈，于东方，皆东乡，其间相去八尺。小直八人，皆斋三日，服青衣而舞之。"这是汉代春旱求雨的祭祀活动中舞龙的记载。到了唐宋时代，舞龙已是逢年过节时常见的表现形式（图1-61）。这种古老的活动在鄂西土家族中还保持着原生态的舞蹈形式，有草把龙、灯笼

图1-59　荆州江陵雨台山楚墓出土虎座飞鸟鼓　　　图1-60　长沙陈家大山楚墓出土帛画

图1-61　舞龙

龙、板凳龙、泼水龙等（图1-62、图1-63）。

楚人"凤飞龙舞"观念作为一种精神也强烈的反映在民居建筑中。这种民居文化的基本精神是：以人为本的人文主义，自强不息、豁达乐观的心理，观物取象、整体直觉的思维方式。"凤飞龙舞"不是内敛的室内装饰，而是外向的封火山墙上的"凤飞龙舞"。即弓着身子向下弯曲的龙，向上起翘展翅欲飞的凤，"凤飞龙舞"随着线的曲折，显出向上升腾的轻快，配以厚实的瓦坡和挺拔的山墙，使整个建筑充满了节奏鲜明的效果和一种灵动的美。

二千多年来，湖北民居上的"凤飞龙舞"，使荆楚大地呈现出一片欣欣向荣的景象。无论是江汉平原洪湖瞿家湾民居上的凤凰（图1-64），还是监利周老嘴民居山墙上的凤凰，无不体现出凤凰的灵动之美和一飞冲天的奋发精神。"凤飞龙舞"即凤凰展翅向上，龙拱身相连（俗称拱龙脊），凤龙蓄势待发，充满了一种力量的美。最有特点是红安吴氏祠、通山碧水琳公祠龙凤脊、麻城雷氏祠、英山李公桥、卫氏祠、通山宝石村、大夫第、阳新梁氏祠、宜昌江渎庙等地民居（图1-65~图1-69）。

荆楚民居上的这种"凤飞龙舞"山墙并不是一种固定的模式，为避免单一和雷同，在"凤飞龙舞"的审美追求下，封火山墙的构成形式非常丰富，其形式有几十种之多，总体造型原则是"凤飞龙舞、龙凤呈祥、合而不同、浪漫有致"。凤飞如流动的自由美，追风行云；龙舞如盎然卷浪骨力通灵，柔刚适度，神清气爽，具有极高的审美价值。居住在"凤飞龙舞"的空间里，使人感受到一种生活的安逸和对环境的主宰。

图1-62 鄂西土家族舞草把龙

图1-63 彭家寨舞草把龙

图1-64 洪湖瞿家湾凤飞龙舞脊饰

图1-65 红安吴氏祠龙凤脊

图1-66 通山碧水琳公祠龙凤脊

图1-67　阳新梁氏祠龙凤脊饰

图1-68　宜昌江渎庙龙凤脊饰

图1-69　阳新伍氏宗祠龙凤脊饰

第二章　湖北传统民居类型

一、湖北气候对民居的影响

湖北省地理位置为北纬29° 05′~33° 20′、东经108° 21′~116° 07′，属北亚热带季风气候，具有从亚热带向暖温带过渡的特征。四季分明，光照充足，热量丰富，无霜期长，降水丰沛，雨热同季，利于农业生产，自古就有"湖广熟，天下足"的民谚。

这种得天独厚的自然条件和农耕资源，使湖北人很早就能吃饱肚子，"饥者歌食、劳者歌事"（老子），有条件有精力来解决住宅问题。并根据大自然的恩赐，就地取材，以黄土、石材、茅草和木材为建筑材料，按照住宅的结构需要和功能，修建朴素淡雅的民居建筑。

湖北地区天灾很少，地灵人杰，在民居建造方法上很早就出现运用平衡、和谐、对称、明暗和轴线等设计手法，来修建美观舒适的民居。

根据考古资料，湖北的江汉平原最早实施农耕定居的地区之一，这种农耕定居的生活方式导致民居建筑在平面布局上形成一种以"间"为单位的组织规律，伴随人口增长，再以"间"连成天井院，进而以天井院为单元，组成各种形式的建筑组群。

由于木质材料制作的梁柱构件不容易形成巨大的内部空间，民居建筑便巧妙地利用外埠自然空间，组成天井和庭院。它既是封闭的，又是开放的；既是人工的，又是自然的。可以近赏花草树木，仰观风云日月。这种以天井为院落的建筑形式是楚人对"天人合一"观念的一种感悟，也反映出湖北人积极进取，善于开拓创新的性格。

农耕文化的三大特质是人与自然的关系、经济规律与生态规律的关系、尊重自然规律发挥主观能动性的关系。受农耕文化之滋养，湖北人十分重视"顺天时、量地利、则用力少而成功多"的客观效应。各地区形成了一大批轮廓清晰、体态端庄、风格质朴、造型多样、内涵深邃的民居。这些民居是地域多样性、民族多元性、历史传承性和乡土民俗性的代表建筑。

如江汉平原民居以淡雅、朴实、秀丽著称。在外观色调上以灰、白、黑为主，尽可能保持材料的自然质感。屋顶二坡水屋面、山墙顶以小青瓦铺成龙鳞状，墙面均粉白灰，沿滴水头处墙面用浓淡墨线绘出两条粗细砖纹墨线，并在墙体转角处绘收头花纹，山墙脊顶做成错落有致"凤飞龙舞"封火墙，使建筑的天际线挺拔优美，充满了曲线效应，远远望去，高低错落、抑扬顿挫的"凤飞龙舞"伴着大自然韵律，在天籁中飞腾。民居建筑在山水与诗意之间显得格外古朴典雅。

恩施州宣恩县彭家寨的土家族吊脚楼群是这种诗意建筑的代表。彭家寨山川秀美，地形奇特，风光旖旎，绚丽多彩。土家族民居建筑注重龙脉走向，讲究山形水势、人神共处，有着强烈的宇宙观念。吊脚楼大都处于青山绿水的怀抱中。这种容纳宇宙的空间观念在吊脚楼上梁仪式歌中，表现得十分明显："上一步，望宝梁，一轮太极在中央，一元行始呈瑞祥；上二步，喜洋洋，'乾坤'二字在两旁，日月成双永世享"。彭家寨吊脚楼，木结构，小青瓦，花格窗，司檐悬空，走马转角，古香古色。一般居家都有小庭院，院前有篱笆，院后有竹林，青石板铺路，木板装壁，松明照亮，一家人过着日出而作，日落而息的田园宁静生活。寨内房屋自成体系，每栋面积百余到几百平方米不等。依山而筑的吊脚楼，采集青山绿水的灵气，与大自然浑然一体，清秀端庄，古朴之中呈现出契合自然的大美。

三峡地区是多民族聚居之地，自古是巴、楚、蜀文化与中原文化碰撞交融之地，峡区地势陡峭，长江成为聚居地与外界联系的主要方式。水上运输的发展，过境贸易的频繁，带动了两岸经济的发展，形成人口相对集中、中转贸易发达的聚居地。这些聚居地的传统民居群，无论是单体建筑还是整体环境都体现了适应峡区的山地环境的独特人文景观，形成多种形式的建筑空间。在聚落形态上，峡江地区主要以村镇为特征。这些建筑或背依青山，或面临流水，朴中出智，拙中藏巧，与自然高度和谐。建筑结构上，有砖木结构、穿斗式、穿斗与抬梁结合式；梁柱构架承重，墙体和木壁板做围合和隔断，在空间组织上开敞灵活，房屋分段跌落，在同一住宅内有几个不同高程的地坪，形成错落有致的外观效果。有楚巴文化"活化石"之美誉。如湖北秭归的新滩镇、巴东县的楠木园等村镇。

中国地处北半球，人们的生产、生活是以直接获得充实阳光为前提。民居向南可以接纳阳光，有利于人的身心健康。由此产生了古老的"面南文化"。《周易·说卦》"圣人南面而听天下，向明而治"、"先天而天弗违，后天而奉天时"。孔子《论语·雍也》："雍也可使南面"，"向明而治"。这种"面南文化"主张人们在不改变大自然的前提下加以利用，做到人不违天地，天随人愿，与大自然和谐共生。

湖北省地处南北交界的地理位置，又是长江与汉江的交汇处，在这块水陆交通发达，南北过客川流不息的土地上，最早感受并吸纳了这种"面南文化"，在自然环境和人文社会相互作用下，加上楚人崇火、崇凤、好巫、开拓进取、不拘礼法，很快形成了独特的楚文化，继而产生了道家和道教（老子是楚国苦县人，今河南周口鹿邑）。

新陈代谢和有机循环是《老子》的哲学思想之一，"人法地、地法天、天法道、道法自然。"是指天、地、人均有其内在的肌理，但最终均要服从于运动不息的自然规律。"一生二，二生三，三生万物"是说天、地、人和世间万物都是一个有机循环、新陈代谢的整体。"万物负阴而抱阳，冲气以为和"是对环境选择，所谓"负阴抱阳"，即建筑坐北朝南，争取充足的阳光；所谓"冲气以为和"是指建筑背后高山，面对河流，能使气流在此激荡冲和。这一思想很快被风水家们接受，并成为建筑择地造屋的指南。

二、湖北汉族传统民居类型

1. 天井院

天井是一种以天井为中心构建的围合或半围合建筑，屋顶四周坡屋面围合成敞顶式空间，形成一个漏斗式的井口，类似北方四合院，不同的是建筑的中心不是院子，而是天井。

（1）分布：除山区外，全省都有分布。

（2）形制：以天井为中心，围合或半围合构建建筑。围合天井院是以天井为中心，四面围合建房；半围合天井院是天井在中间，前后建房，左右以院墙相连。平面布局为长方形，纵向排列，一般为独门独户，规模较小。有一进天井屋、二进天井屋、三进天井屋不等。

（3）建造：采用传统的砖木结构，屋架多为穿斗式和抬梁式混用，主室明间为抬梁式木结构，山面为穿斗式木结构；两厢建筑则为穿斗式木结构；硬山屋面，盖小青瓦；青砖砖墙体，有清水墙、空斗墙和混水墙做法；三合土（石灰：黄土：砂子）地面。前后建房的天井院天井，左右两边以青砖围墙相连。

（4）装饰：天井院十分讲究室内装饰，一般是利用建筑部件雕刻成各种瑞兽、麒麟、狮子、象等动物雕塑，形成有主有从，有照应、有节奏的雕刻风格。在微妙变化的空间中，注重整体的浑然气势，传神达意，着意表现神采意蕴，通过夸张和变形的手段，突显出传统人文精神、哲学意蕴和审美内涵。

（5）成因分析：湖北地区夏季多雨，光照强烈，气候炎热潮湿。天井院式建筑，在有效遮挡阳光的同时，又不会影响室内采光。

（6）代表建筑：

① 祝家楼村天井院

祝家楼村坐北向南，建筑布局由5条并列巷道构成。每条巷道为5至7户天井院居民，硬山屋面，小青瓦合盖，两山封火墙，依巷错落排列，共有大小天井院民居30多座，建筑面积约3万平方米。天井院民居多为二层三进院，为保证屋内采光和空气流通，天井呈长方形，四面围合建筑，面向天井设置门窗装修；半围合建筑，两侧连以院墙。祝氏宗祠始建于清康熙年间，祠堂面阔三间，三进天井院落，左右两侧为厢房（图2-1）。祠堂前有合抱古松两棵。

图2-1 祝家楼村天井院

二、湖北汉族传统民居类型

② "半部世家"天井院

"半部世家"天井院原位于阳新白沙镇潘桥巢门村，俗称赵氏老屋，现搬迁至武汉市黄坡区木兰湖民居园。清代硬山式建筑，面阔三间，依次为前厅、天井、后堂和两侧厢房。大门高悬"半部世家"石刻匾额，门楼额枋上雕有八仙朝圣与双龙，半部世家主人赵启辉系宋太祖赵匡胤的后裔。匾额"半部世家"，出自"半部《论语》治天下"。天井屋高墙封闭，青砖门罩，砖雕镂窗，自成一体，墀头翘角，白墙黛瓦，典雅大方，建筑外观木雕楹柱；彩绘以暗八仙、吉祥草、山水画和百鸟图，美轮美奂，错落有致。门厅前有镂空雕花门楼，门厅内有槅扇屏风；天井两侧厢房装修别致，狮头望柱围栏十分精巧；楼上周边栏杆看枋设有垂花柱，垂花柱头雕有狮、象、麒麟，柱底雕有花篮和灯笼，柱间雕有神话、戏剧故事和别致的花罩装饰，华贵典雅；环廊处设"美人靠"。后堂内方形藻井、额枋及斜撑雕有寿山福海故事，耐人寻味（图2-2）。原为"私塾"，前厢房较小，后厅较大，

图2-2 "半部世家"天井院

分别供不同年龄的少年学习，这种小型"私塾"是湖北此类建筑的孤例，具有十分重要的文物价值。

2. 天井围屋

天井围屋是以天井院为单元，四周再扩建天井院并将围合成一个大屋，为集族而居的建筑类型。天井围屋的扩建和组合，十分方便，往往在老天井屋东西两旁，再新建天井围屋，形成数个天井和十余个天井甚至几十个天井的大围屋，这种建筑形制具有安全性好，生活方便，集族共居自成一体的特点。

（1）**分布**：天井围屋是传统乡村聚族而居的住宅群。封建社会传统村落与社会交换率低，与自然交换成为族群生存的基础，聚族而居大大缓解了村落内部的生存矛盾，有利于血缘团体长期维系。在国家权力难以直接渗透到基层时，宗族在基层社会管理中发挥重要作用，能够使该地区经济和文化等活动产生一定动力。这种天井围屋在湖北地区普遍存在。

（2）**形制**：天井围屋是一种以天井院为中心，四周围以建筑的居住形式，具有防御匪患、安全性好、封闭性强的特点。建筑大多坐北向南，背山面河，没有河流的，则在围屋前开凿半月形或长方形池塘，形成"负阴抱阳、背山面水"的风水格局。平面布局为长方形，棋盘格横向排列。以"天井院"和"跑马檐"组成围合。单体建筑多为"明三暗五"宅楼，每个小天井院相对独立，又互为相通，前后通道将围屋分为数排，四周围以高墙，形成一个大群体。围屋分为东路、中路、西路三个大门，部分建筑在东、西两个山面开有小侧门。

（3）**建造**：多数为砖（石）木结构，青砖砌墙，有清水砖墙、灌斗砖墙，穿斗式木结构。少数为干打垒土木结构，墙为干打垒法砌筑而成的土墙，穿斗式木结构，硬山小青瓦顶，采用当地传统工艺。

（4）**装饰**：天井围屋装饰具有很强的地方特色。如冯氏天井围屋具有鄂西北山区的民间风格。隔扇装修采取了一种方圆结合的形式，窗子下的板壁采用了"旌幡"形式，装饰繁复，工艺精湛。

（5）**成因分析**：在古代交通，通信落后，不同区域相对封闭的情形下，集族聚居是实现家族式管理的前提，即血缘和地缘的紧密结合。天井围屋在扩建和组合上，十分方便，能够解决家族人口增长及带来的诸多问题；特别是这种建筑形制具有安全性好，生活方便，自成一体的特点。利于家族兴旺和繁衍，是建筑功能满足聚落血缘的产物。

天井围屋与天井院在建筑形式上有相似之处。天井围屋是多个天井院的组合和扩充，是一个家庭居住建筑发展的结果。所不同的是，为了满足分支出来的各个家庭的生活需要，在形制上天井围屋设立了中路门庭和两侧门庭通道，以满足族人进出的需要，同时保持一家一户的私密性。

（6）**代表建筑**：

① 冯氏天井围屋

冯氏天井围屋位于南漳板桥镇冯家湾村四组。始建于明崇祯元年（1628年），原为鞠姓人家所有。后为中华民国临时政府内务部部长冯哲夫购得所有。天井围屋坐北朝南，平面布局为长方形院落，依山就势，前低后高，棋盘格横向排列，十字线对称布局，前后两条通道将庄园分为3排，10个小院，院与院和房与房之间有廊道相通，通行十分方便，主体建筑有大小房间105间，分年修建，联为围屋，占地8100平方米。围屋有3个大门，大门台基高1.4米，门柱、门槛均雕有梅兰竹菊和鲤鱼跳龙门的图案，条石砌筑。墙基用大型石条，以桐油石灰浆垒砌。围屋装修古朴，山墙、檐廊均绘有彩画，大木构件、门窗和板壁刻有人物故事（图2-3、图2-4）。室内部分匾额为国民临时政府总统黎元洪所题。

② 段氏天井围屋

段氏天井围屋位于英山县南河镇灵芝村维椒塆，系清光绪年间英山望族段昭灼的庄园。始建于光绪二十四年（1898年），光绪二十八年（1902年）续建，又称兴贤庄。据《英山县志·附录补遗》记载："段昭灼，湖北候补知县"。围屋坐北朝南，依山就势，平面布局为长方形，呈棋盘格横向排列，面阔47米，进深36米，共有天井17个，建筑面积2700平方米；围屋分东、西二路门庭，每进各有门厅、前堂、后室及

图2-3　南漳冯氏天井围屋

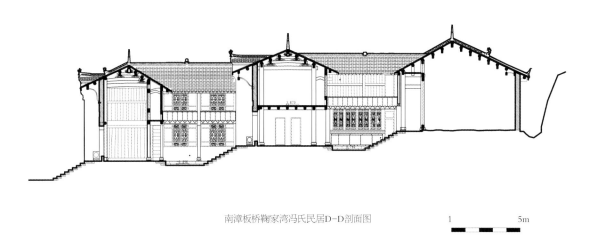

南漳板桥鞠家湾冯氏民居D-D剖面图

1   5m

图2-4 南漳冯氏天井围屋

图2-5 英山段氏天井围屋

左右厢房组成；纵向两条通道将庄园分为3排，10个小院相对独立，院与院和房与房之间有廊道相通，中轴对称布局。建筑为单檐硬山顶，砖木结构，穿斗式和抬梁式混用木构架，廊檐作卷棚式顶，呈菱角轩式；两侧院落以封火山墙相隔，盖小青瓦；建筑四周檐绘有山水、花草、人物故事图案（图2-5）。

3. 府第

明清两代官员修建的私宅，建筑规模大，等级较高，亦称"大夫第""进士第""翰林第"。建筑形式与天井围屋类似。

（1）**分布**：全省都有分布。

（2）**形制**：府第建筑十分注重风水，大多选择在"负阴抱阳、背山面水"的台地上。平面布局多为长方形，棋盘格横向排列。分为东、西、中路三部分：多以宗祠为中轴线（即中路），是族权的精神空间和根底所在。左右两侧为一条长巷，供女眷们平日行走的避巷。通往家祠的通道尽头，设置祖祠，供奉先祖。祠前建有工艺精湛的木雕戏楼，雕梁画栋，是年节家族集会、拜神和欢聚之地；中轴线两边为主人居住区，对称布局，中间为天井或院子，各自形成一个独立小院，每进连通。第一进多为家学。第二进为内院。第三进为主居室。第四进为后院。东西两侧外为偏屋和附属建筑，是长工居住的地方，设作坊、马厩、粮仓、柴房、厨房等。

（3）**建造**：府第建筑采用传统砖木结构，木结构多为穿抬结合式，一般主居室和宗祠明间为抬梁式木结构，山面为穿斗式木结构；其他建筑则为穿斗式木结构。砖墙多为青砖垒砌，有青灰丝缝砖墙、清水砖墙和灌斗砖墙。

（4）装饰：府第建筑装饰最大的特点是大门等级较高，多为广亮门；大木构件装饰讲究，大多在构件的交点上雕刻吉祥纹饰和变形龙纹，既有功能性又有观赏性；府第封火山墙注重地域文化特征，大多为"凤飞龙舞"式封火山墙，即凤凰坐头和"拱龙脊"。

（5）成因分析：府第为封建社会官员私宅。建筑大多仿照天井围屋的形式，平面布局为长方形，棋盘格横向排列。分为东、西、中路三部分。由于府第的官员具有一定的官阶级别，符合明清两代朝廷对官员住宅的相关规定，能够使用建筑等级高的广亮门和金柱大门。在某种程度上，这种建筑也成为主人地位的一种象征。

（6）比较/演变：府第与天井围屋在建筑形式上有相似之处，不同的是府第是一家或直系亲属居住，而天井围屋是聚族而居。另外在形制上，府第的中路门庭高大，巷道较宽，尽端是祖宗殿；而天井围屋的中路门庭与两侧门庭基本相同，巷道较窄。在使用功能上，府第各种用房功能齐全，而天井围屋主要以一家一户的生活住房为主。

（7）代表建筑：

① 通山县王明璠大夫第

通山县王明璠大夫第位于通山县大路乡吴田村（图2-6）。王明璠是清咸丰年间的举人，为官30年。光绪二十七年（1901年）授封四品"朝议大夫"，其大门为金柱门，题有"大夫第"的门匾，山墙为湖北地区特有的"龙凤脊"封火山墙。府第始建清咸丰年间，成于同治年间，占地达10000余平方米，分为老宅和府第。老宅为王父王松坡所建；府第即是王明璠退官回乡后修建。府第坐北朝南，三面环水，平面布局略呈长方形，棋盘格横向排列，有32个天井，48间正房，16间厢房，另有马厩、柴房、厨房、杂役间、"怡济药房"、牢房和各类作坊，共30余间。府第四周高墙围护，府第外开凿的"玉带河"傍府而流，河之东西分别建"风雨桥"、"功成桥"，两桥为村落连接外界通道。府第四周，东有荷塘，西有果园，南有竹园，北有后花园。

② 阳新县陈光亨府第

陈光亨府第位于阳新县枫林镇漆坊村下陈组（图2-7）。建于道光二十七年（1848年），现存面积3400平方米。陈光亨曾为清咸丰帝的老师，其故居又称"国师府"。府第背倚太坳岭，面朝笔架山，府第前沿，一丘长形水田，像一叶小舟，侧卧其间，陈光亨依形取名"船田"。一条小溪弯弯绕绕，西流富河，形成"背山面水"的风水格局。建筑平面布局呈长方形，西路已毁。棋盘格横向排列，分为中路、东路二部分，由官厅和居室组成。中路官厅设"广亮大门"，可供八人抬的大轿在门廊歇息，这种大门在封建社会为官阶大员的门庭；大门两侧抱鼓石高约一米，鼓壁上，刻有昂首向天石狮；正厅天井周边围有护栏，望柱上站立八只石狮子，左右对称，形态各异。护栏石，双面均雕有双龙，首尾相接。进门厅堂梁架上雕有腾龙和飞凤，显示出府第的显赫等级。堂上挂"忠孝传家"大匾，为当朝光禄大夫、太子少保、刑部事务王鼎题赠。匾下两旁柱上分别镌有"天下无不

图2-6　通山县王明璠大夫第

图2-7 阳新县陈光亨府第

是之父母""世上最难得的兄弟"木条幅。四周梁架上还雕有"月下追韩信"、"桃园结义"和"岳母刺字"等历史故事；东路为是三幢相连的天井院，有天井6个。地面由石灰、黄土、细砂混合糯米粥手工捶成，至今平如水，光如镜。府第原有36口天井，现仅存9口。

4. 庄园

庄园泛指乡村的田园房舍；大面积的田庄、住所、园林和农田的建筑组群。唐宋时期，面积较大、毗连的一片私有土地，始称庄园。为了强调土地私有，庄园会冠以主人之姓，如李家庄、张家庄之类等名字。皇室的庄园称为皇庄，称苑、王庄等；贵族、官吏、地主的园主称为私庄、别墅、别庄和庄园等；属于寺庙的庄园称常住庄。庄园也出现带有防御设施的庄园宅邸。

（1）**分布**：庄园是湖北地区一种建筑规模大，等级较高的地主私宅。全省都有分布。

（2）**形制**：建筑十分注重风水，大多选择在"负阴抱阳、背山面水"的台地和山丘上。平面布局多为长方形。多以宗祠为中轴线进行布局，中轴线分为正院，有大门、厅堂、书房、正房，左右各置偏房；外围为附属建筑，是女佣、家丁、长工居住的地方，设厨房、作坊、马厩、粮仓、柴房、厨房等。

（3）**建造**：建筑采用传统砖木石结构，木结构多为穿抬结合式，一般正房和宗祠为抬梁式大木构架；其他建筑则为穿斗式木结构。砖墙多为青砖垒砌，有青灰丝缝砖墙、清水砖墙和混水砖墙。

（4）**装饰**：最大的特点就是大门坚固结实，并有独特的装饰和醒目的标志，多为蛮子门；大木构件和门窗格扇装饰讲究，雕龙画凤，既注重功能性又注重观赏性；封火山墙注重地域文化特征；列植竹木，景色秀美。

（5）**成因分析**：庄园为封建社会地主私宅，具有一定经济实力，其建筑大多仿造官厅府第的模式，在讲究风水的前提下，依山就势，总体上按合院式安排，中轴线建筑仿照天井围屋的形式布局。处于偏远地带的庄园为安全起见，大多修建有雕楼等防护设施。

（6）**比较／演变**：庄园与天井围屋在建筑形式上有相似之处，不同的是庄园面积更大、范围更广。

（7）**代表建筑**：

①浪河黄龙饶氏庄园

饶氏庄园（图2-8～图2-10）位于丹江口市浪河镇黄龙村一座海拔700米的山丘台地上，建于清宣统三年（1911年），是黄龙村民团团总饶崇义在其祖辈的基础上建造，占地2330平方米，建筑面积1120平方米。房屋四十余间，分南北两院。北院为正院，中轴线布局，庄园主及大老婆居住。南院为偏院，为小妾、女佣、家丁居住。并设置有厨房、骡马、库房等。大门安排在北院入

图2-8　丹江口浪河黄龙饶氏庄园

口，门为双层，前层为栅门，栅门中央安有阴阳鱼锁门。抱框、门槛雕刻四时如意、五福临门、花鸟虫鱼、山水胜景等浮雕；打开栅门是砖石结构的正门，正门为石库门结构形式，十分坚固。正门与栅门之间有垂花门廊，设置卧狮石鼓一对，门廊为家丁守卫之处；过正门为前庭天井院，方石墁地，左右各置厢房两间，以花鸟木雕饰门框、门槛，为亲信护院居住；过天井为宽敞高大的厅堂，面阔五间12米，进深5米，以楠木构建抬梁构架。厅内安置古色古香红木家具，为会客议事大厅；左右各置厢房两间，为书房、画室。大厅前门柱、门框、门槛均饰镂空木雕福禄寿、和合二仙、八仙献寿。抬梁立柱有圆雕雀替，左为麒麟衔鱼，右为狮子绣球。梁枋木雕梁山伯与祝英台故事；后庭天井院，雕花方石墁地，中央植一株百年金桂。左右各置厢房两间，隔扇门窗饰雕镂刘海砍樵、孔子讲学等故事；后庭正房为两层阁楼式，面阔六间12米，进深6米。门窗、梁枋均饰镂空木雕三官图、十八学士登瀛洲、进京赶考、三岔口等戏文故

事；后庭正房檐廊向右留有侧门，可直通南院两个偏房小妾居住的后庭房，亦为两层阁楼式砖木结构。面阔五间10米，进深6米，左右厢房供女佣居住；正门左侧建有4米见方的四层炮楼，为团丁居住，并存储枪械、弹药等。顶层庑殿出檐，挑出环廊，供团丁站岗巡视之用。炮楼四周墙壁上均设有枪眼，以防御和守护庄园；炮楼旁即为南院大门，供下人们出入；庄园左侧为民团兵丁操练场，右侧前方有一口井，曰龙泉。龙泉之上依山辟坪，为一片桃花源。龙泉下为一圆形田畈，昔为日池，今为水田；庄园后山岩之上有一棵合抱的花栗树；右后侧一片翠竹林，上有一半月形池塘，曰月池。

庄主饶崇义是清末民初的民团团总，其祖上由山西大槐树流民于此。经过几代人不懈的努力，饶家发展为大户，拥有方园三万亩土地，成为当地一霸。庄园修建之初，每天动用工匠杂役50余人，并配有五匹骡马组成的运输队，专门运送砖瓦、灰砂、木材、粮草等。在方圆几十公里内选伐上好木料，制作大木构

图2-9 丹江口浪河黄龙饶氏庄园

图2-10 丹江口浪河黄龙饶氏庄园

架。并选上好土料，立窑场烧制砖、瓦、镂花构件等，聘请了能工巧匠，耗时十年，于民国十年（1921年）基本建成。

②大水井李氏庄园

大水井李氏庄园位于恩施州利川市柏杨坝区大水井乡。庄主李亮清于民国13年（1924年）在其父所建旧宅上改修扩建，民国25年（1936年）竣工，历时12年。李氏庄园是一座拥有西式拱门走廊、客厅、套房和土家族吊脚楼、小姐绣楼，规模宏大的地主庄园，占地面积6000平方米，共24个天井，174间房屋，建筑面积4000多平方米（图2-11～图2-23）。

李氏庄园坐南朝北，主体建筑为三进四厢，沿着宽敞的青石板路拾级而上，便是翼角凌空的歇山顶朝门。朝门门楼与正屋中轴线形成45°夹角，面对案山水口，取"龙跃大海"的风水意向，寓意财源滚滚。朝门悬"青莲美荫"匾，攀李白为先祖，显其家世不凡。正厅挂"大夫第"匾额，以李亮清义父李文郎曾为官道台，受封"资政大夫"自诩，彰显其为官宦之家；庄园前院为200平方米的院坝，用规格统一的青石墁地铺平，宽敞整洁。北边为高6米条石筑院坝护坎，护坎上砌2米高的砖墙；南边为两层带欧式风格的前堂，前堂左为花厅，右为账房。一条欧式柱廊横贯左右，高大的方柱、弧形的廊檐、灰塑西番花，富丽堂皇，画栋连云；中堂及后堂均以天井院形式围护，两侧屋宇相连，檐下以楼道相连，楼阁迂回，一室一景，四通八达；东西两边为建于明代晚期的土家族吊脚楼，木架木壁，古朴典雅；庄院两端有小姐楼及绣花楼各一座，飞檐高翘，一东一西，遥相呼应。整个庄园最具特色的是土家族"走马转角楼"、"一柱六梁"、"一柱九梁"等建筑构件，勾心斗角，巧夺天工。其装饰

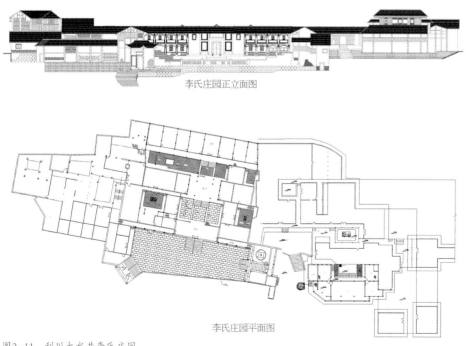

李氏庄园正立面图

李氏庄园平面图

图2-11 利川大水井李氏庄园

图2-12　大水井古建筑群中轴线面对水口元宝山　　　　　　　　　图2-13　李氏庄园大门

图2-14　李氏庄园内院

图2-15　李氏庄园一进院

图2-16　李氏庄园前堂

图2-17　李氏庄园小姐楼

图2-18 李氏庄园

图2-19 李氏庄园绣楼

图2-20 李氏庄园天井院

图2-21 李氏庄园小姐楼梁架

图2-22 李氏庄园屏门

图2-23 李氏庄园三进院

艺术也令人目不暇接，精雕细刻的柱础，玲珑剔透的窗棂，造型奇异的廊柱，曲径通幽的走廊，精致豪华的陈设，使整个庄园富丽堂皇。

庄园建筑揉汉族和少数民族与西方文化为一体，欧式柱廊与土家族吊脚楼互为映衬；汉族天井院又与土家吊脚楼融合为一，风格典雅，特色鲜明。中国传统建筑与西方文化在鄂西大山深处完美结合。

5. 祠堂

祠堂又称宗祠、祠室、家庙，是汉族祭祀祖先或先贤的场所，也是族长行使族权的地方，凡族人违反族规，则在这里被教育和受到处理，直至驱逐出宗祠。它记录着家族的辉煌与传统，是家族的圣殿，也是汉民族悠久历史的象征与标志。祠堂还为族内各房子孙置办婚、丧、寿、喜等大事和年节聚会；祠堂也可以作为家族的社交场所；有的宗祠附设学校，族人子弟就在这里上学。个别祠堂还有审判族人和生杀予夺的法庭功能。家族祠堂，更是中国五千年历史文化的延伸。宗族观念、宗法家庭制度是旧中国社会的基础。

（1）分布：全省均有分布。

（2）形制：祠堂非常注重风水，大多选择在"负阴抱阳、背山面水"的台地上。平面布局为长方形，一般为三进天井合院或四进天井合院，合院两侧分别建有"值年"和"族长"的厢房。

（3）建造：祠堂建筑一般规模大、质量好，有权有势的家族，祠堂一姓一祠，中轴对称，主要建筑有大门、戏楼、拜殿、祖宗殿和两侧围合的厢房。平时也不许擅自入内，否则将受重罚。

（4）装饰：祠堂装修十分讲究，高大的门厅、精致的雕饰、上等的用材。为光宗耀祖，祠堂都有自己的堂号，并制成金字匾额高悬于正厅，祠堂内还挂有姓氏渊源、族人功名、妇女贞洁类的匾额和反映伦理关系和宗亲色彩的楹联等。匾额之规格和数量都是族人显耀的资本。有的祠堂前置有旗杆石，铭刻族人得过功名。

（5）成因分析：祠堂最早出现于汉代，当时祠堂是和墓所建在一起，称为墓祠；南宋朱熹《家礼》立祠堂之制，称为家庙或祠堂。当时修建祠堂等级森严，民间不得立祠。明嘉靖十年（1531年）明世宗下诏"许民间皆得联宗立庙"，各地开始修建祠堂，其势如雨后春笋。皇帝或诸侯的宗祠反而称为"家庙"。

（6）比较/演变：祠堂是一个家族的家庙，称为宗祠；当这种家庙发展相当规模或因族人迁徙，则会产生支祠和家祠。

（7）代表建筑：

① 红安吴氏祠堂

吴氏祠堂背靠卓王山，一条小溪从祠堂门前流过。乾隆二十八年（1763年）由吴姓族人兴建，后毁于大火，清同治十年（1871年）重修。三进天井院式建筑，吴氏祠堂正中重檐歇山式的石牌楼，高9米，飞檐起翘、牌楼正中悬挂"吴氏祠"竖匾，门额上方石雕一块横匾书："家承赐书"四个字，指的是元至元十四年（1354年），朱元璋在红安县八里湾与陈友谅交战，朱元璋遭陈友谅军袭击，大败溃逃到陡山，得吴氏三世祖吴琳相救，躲过一难，朱元璋即位后，召吴琳入朝，授国子监博士、吏部尚书等职，为陡山亲笔题写了"开国天官里"，赐吴琳建牌坊，树双旗杆。祠堂为三进院落，由大门、牌楼、左右厢房、拜殿、左右配殿和祖宗殿组成。祠堂第一重是"观乐楼"、楼檐槛枋雕刻有光绪初年"武汉三镇"景象。走过前院，踏上两级石阶，为拜殿，这里是吴氏家族整理衣冠，准备祀奉礼品和族长议事之处；经过拜殿是祖宗殿，是吴氏家族祀奉祖宗的地方，殿堂正中摆雕花香案，上面供有吴氏列祖列宗牌位，长年香烛缭绕，供品不断，庄严肃穆；左右配殿是族长议事后休息住宿和族中长者私密议事之处。后庭东西厢房，皆用镂空雕花格扇门，门上雕刻有"渔"、"樵"、"耕"、"读"四个大字，十分醒目。格扇门的裙板上雕有"西厢记"、"梁山伯与祝英台"、"苏小妹三难新郎"等风流倜傥的戏文故事，十分典雅（图2-24～图2-26）。

② 阳新伍氏宗祠

伍氏宗祠位于阳新县王英镇大田村，占地面积2000多平方米，始建于清顺治十年（1654年）。是中国人民解放军原副总参谋长伍修权将军家族的祠堂。

图2-24 红安吴氏祠堂大门

图2-26 红安吴氏祠堂戏楼

图2-25 红安吴氏祠堂中轴线与水口山

伍氏宗祠由大门、戏台、抱厅和祖宗殿组成。三座门楼为牌楼式，骑墙并立，正中牌楼为四柱三楼，门匾书"伍氏宗祠"四个大字，门框上端，雕刻有"渔、樵、耕、读"灰塑及彩绘；大门两侧各有石鼓，十分威严；两侧门楼为两柱三楼，施灰塑及彩绘；戏台为单檐歇山式，拱檐翘角，雕梁画栋。戏台外侧刻有石雕，云龙交织，十分精致；拜殿为硬山式，穿抬合用大木构架。门额上有双龙戏珠木雕。殿内做有九个天花藻井，井内运用斗栱、龙、蝠等吉祥图案组成天花藻井。跨空枋上挂有清咸丰帝老师陈光亨书"世德发祥"匾额和伍修权书"功着千秋"匾额；抱厅为第三进院落，中间建有祭台，祭台前有乾隆年制八边形石香炉；祖宗殿为硬山式，穿抬混用大木构架，神龛上供奉伍子胥塑像。殿内装修精美，有浮雕、镂雕、透雕等，题材为花纹、人物、动物、植物等（图2-27～图2-31）。

图2-28　伍氏宗祠前殿

图2-27　阳新伍氏宗祠

图2-29　伍氏宗祠拜殿

图2-30　伍氏宗祠"鲤鱼跃龙门"石雕

图2-31　伍氏宗祠抱厅

6. 书院

书院是我国封建社会独具特色的文化教育机构，是继先秦私学、两汉精舍之后的又一种私学组织，它继承了古代私学的传统和特色，同时也汲取了佛教寺庙讲经说法和官办学校的一些长处。书院萌芽于唐，鼎盛于宋元，普及于明清，改制于清末，是集教育、学术、藏书于一体的教育机构。书院出现以后，我国古代教育出现了官学、私学和书院相平行发展的格局。由于书院是名儒读书和讲学之所，因此常以人名和地名为书院之名。

（1）分布：主要分布在大、中城市和著名的风景区。

（2）形制：书院是本土文化与教育的综合载体。建筑大多坐北朝南，纵向呈长方形，中轴线上有牌楼门、门厅、中殿、正殿，两侧为回廊，外侧是附属建筑。每个建筑都有一个与"礼、乐、敬、和"对应的名称，通过这个符号系统和模式化的空间布局，表现出特有的仪式性、象征性和纪念性特征。

（3）建造：其建筑一般具有三个明显的特点：一是选山林名胜之地为院址；二是由讲学、藏书和供礼三部分建筑组成；三是名人学者碑刻较多。

（4）装饰：一般小书院装饰极少，严谨朴素，这是由于书院是私学，其开支要靠"学田"来维持，经济能力有限；大的书院得到富商和官家资助，装饰讲究，木雕、砖雕、石雕、彩画，比比皆是，琳琅满目，十分豪华。

（5）成因分析：门塾之制，源自周代，迄今已2000多年历史。据《礼记·学记》："古之教者，家有塾，党有庠。术有序，国有学。"周代以二十家为一闾，闾之巷首门边设家塾，用以教育居民子弟，故谓之"家有塾"；五百家为一党，党有庠；一千家为一术，术有序；国有学。当时塾、庠、序、学均为公学，即后来的学塾、学堂、学校。书院之名始于唐，唐玄宗时期，官方创有"丽正修书院"、"集贤殿书院"。

（6）比较／演变：早期书院主体建筑多采取中轴对称布局，充满着秩序井然的理性美，有助于形成庄严肃穆、端庄凝重、平和宁静的学习环境；在平面组合上可分为墙院式、廊院式、合院式三种；书院一般设有圣门、圣殿、诸子祠、明伦堂、藏书阁等建筑。清代书院则根据创办者的经济实力而定，建筑有多有少。

（7）代表建筑：

① 荆门龙泉书院

龙泉书院位于荆门市象山东麓，因傍龙泉而得名（图2-32、图2-33）。龙泉书院前身是一私塾，建于南宋绍兴年间（1131—1162年），清乾隆十九年

图2-32　荆门龙泉书院

（1754年），荆门知州舒成龙集资在书塾原址上重建书院，并在书院西边新凿龙泉，以龙泉命名书院。

书院依山而建，兴盛时规模很大，有育德堂、洗心堂、东山草堂"三堂"；春华、秋实"两馆"；敬业、乐群"两斋"；尺木、文明"两楼"；寄畅、会心"两轩"等建筑，形成左、中、右三条轴线。院内院外遍植青松翠柏，搭配小桥流水，楼台掩映在名花异卉之中，曲径通幽，四季飘香。现存文明楼、洗心堂和白鹤亭；文明楼建于清光绪十二年（1886年），坐北朝南，单檐庑殿顶，面阔七间，进深四间，二层楼房、抬梁式构架，屋面坡度平缓，檐角起翘，十分庄重（图2-34）。一楼砖墙围砌，前壁无门，开有6扇窗；二楼

为敞廊式，设格扇。楼两侧各有一间耳房。文明楼面临文明湖，湖中有蒙、龙、顺、惠四股泉水，湖水清澈，波光粼粼，令人心旷神怡（图2-35）；洗心堂建于清乾隆十九年（1754年），同治（1862—1874年）、光绪（1875—1908年）年间又进行了修缮。该堂坐南朝北，面阔三间，进深三间，硬山灰瓦屋面，抬梁式构架，前设廊子，明间开门，砖墙封檐。堂后围有方塘，内植海棠、石榴、水莲、桂花、腊梅等植物，一年四季，幽香袭人；白鹤亭又名听泉亭，建于清光绪十二年（1886年），坐南朝北，六角单檐攒尖灰瓦顶，边长2.5米，青砖砌壁，条石台基，北面开门，其他五面设圆窗。泉水绕亭，水声叮咚，悠闲惬意，饶有情趣（图2-36）。

图2-33　荆门龙泉书院

图2-34　龙泉书院文明楼

图2-35　龙泉书院文明湖

二、湖北汉族传统民居类型

图2-36　荆州龙泉书院

龙泉书院内小径曲折，流水潺潺，回廊幽深，亭台楼阁掩映于山水之中，构成了一幅怡人的园林画卷。

②钟祥兰台书院

兰台书院位于钟祥市兰台路。据西晋张华《博物志》记载，兰台之名，起源于舜帝。远古时期，神州大地，洪水滔天。汉水中游的先民，为治理水患，筑高台、开沟渠，使得洪水最后流入大海。舜帝南巡时，视察高台，看到人们热闹的淘金场面，又采到了香气馥郁的兰花，便亲手种植在高台之上。当晚，人们汇聚到舜帝帐前，跳着凤凰舞，献上黄金。素女鼓起五十弦瑟，舜帝十分欣喜，创"阳春"、"白雪"之曲，为高台赐名"兰台"。春秋战国时期，"兰台"上有宫殿数重，金碧辉煌，宏伟壮观，史称"兰台之宫"。

兰台书院建于清乾隆十五年（1750年），其前身是清代学士杨炳的故宅。清乾隆年间，57岁的学子杨炳得中探花，杨炳在八个半月前，连秀才都不是，如今一步登天，连中三元。乾隆皇帝便在金銮殿召见他，见是个老头，便有意考考，于是出了个上联："县考难，府考难，院考更难，五十七岁游泮池。"杨炳脱口应对："典试易，会试易，殿试又易，八个半月点探花。"对仗工整，不卑不亢，乾隆大喜。后来杨炳官至翰林院侍读学士。为了纪念杨炳，安陆知府张世芳在杨炳故宅后的兰台山上主持修建"兰台书院"。书院位于兰台山上，视野开阔，远眺四周，群山似屏，汉江如带。

兰台书院清末受到严重损坏，现存二进四合院式院落，有南、北厢房，硬山灰瓦屋面，均为面阔六间，进深12米，抬梁式木结构。明间有藻井，宽5米，长3米；房外有1.6米宽的环廊围绕（图2-37～图2-39）。

图2-37　钟祥兰台书院

图2-38　钟祥兰台书院

图2-39　钟祥兰台书院教室

7. 画屋

画屋，俗称花屋。鄂东南地区一种特色民居，即在大门屋檐和两山山墙绘有彩画的民居。

（1）分布：鄂东南彩画屋主要分布在鄂东南的通山、阳新县和武汉黄陂区等地。

（2）形制：画屋彩画主要集中在屋檐下方、门楼、入口侧面墙体：屋檐下方为"雅墨"彩画，大多为有故事情节的人物画，四季花鸟画和富有情趣的水墨竹石。追求画面的意境，并配有相应的文字；门楼入口的彩画集中在檐口和匾额的下方，内容多为"松鹤延年"、"锦上添花"、"华山启秀"等；入口侧面墙体多为吉祥纹，有西番草、祥云仙鹤、三宝珠，海墁葡萄和祥兽等彩画。

（3）建造：画屋彩画在画法上吸收了"写意画法"，不拘泥于"一花一叶"、"一草一物"的细节，而是从整体的感觉出发，着力表现主题的"精、气、神"。彩画内涵寓意吉祥，如：蝙蝠和桃合寓意为"福寿"，金鱼寓意"金玉"和松鹤寓意"延年益寿"；绘制的工序是层层绘制，并使用附着力强不易脱落的矿物颜料，以保持彩画的耐久性。

（4）装饰：画屋主要在大门屋檐和两山山墙绘有装饰彩画。画法以墙体的粉白为底，墨色为主，辅以浅蓝、浅绿等冷色调，俗称"雅五墨"。彩画花式有聚锦、花锦、博古。入口侧面墙体多画吉祥纹，西番草和吉祥鸟兽等。总体上彩画追求一种反差大、装饰好的效果。

（5）成因分析：画屋所处村镇大多历史悠久，文风鼎盛，人才辈出，文化内涵深厚，为画屋的形成提供了文化温床。特别是这些村镇中均有擅长书画的文人和工匠，且经济较为发达，为画屋的建造提供了物质和人才基础。

（6）比较/演变：湖北画屋的彩绘较之苏杭地区的彩绘有明显的区别，主要反映在：湖北画屋的彩画以墙体粉白为底，墨色为主，辅以浅蓝、浅绿为主的冷色调，色彩淡雅，偶尔在青绿色为主的冷色调中，点缀一些红色以及黄色借以突出主题，强调色彩的柔和退晕色，俗称"雅五墨"。常用题材有华山启秀、锦上添花、年年如意等，苏杭地区的彩绘色彩丰富艳丽，暖色较多。有聚锦、花锦、博古等。

（7）代表建筑：

① 铜锣陈姓画屋

铜锣陈姓画屋位于阳新县王英镇隧洞村，明万历年间（1573—1620年）陈涵公由阳新归化里上堡迁入铜湾，经几代繁衍形成的陈氏聚居村落。铜锣陈有古民居10余栋，大多保存较好。古民居平面呈长方形的三进天井院，硬山式马头墙。彩画主要集中在屋檐、匾额下方和墀头上。内容有道教八宝、佛教八宝、灵芝、鹅、鳌等，并配有诗词。民居匾额分别题有："华山启秀"、"秀毓庐山"和"颖水杨清"等（图2-40）。

② 大余湾余传进画屋

大余湾余传进画屋位于武汉市黄陂区木兰乡研子岗镇。大余湾得木兰山建于明末清初，据《余氏族谱》记载，该村曾有过一门三太守、五代四尚书的历史。这里的村民以雕匠、画匠、石匠、木匠远近闻名。以余传进画屋为其中代表。该建筑为天井院式，建筑檐口下方、匾额上方和墀头集中了大量彩绘。大门上方彩绘匾额书"锦上添花"，匾额上方绘有锦鸡和牡丹组合的花鸟画，提款也为"锦上添花"（图2-41）。檐口下方彩绘为吉祥纹、仙草、荷花、牡丹、菊花、神兽、仙人等；匾额的两边题有诗词；墀头分别绘：出行图、仙翁对弈图、马上封侯图、携琴游乐图等。

图2-40　铜锣陈姓画屋

图2-41　大余湾余传进画屋

8. 街屋

乡镇或集市中的商住两用建筑，又称店宅。

（1）分布：湖北省各地市均有分布。

（2）形制：街屋是湖北地区的一种商、住两用建筑。街屋紧贴街道而建，呈纵向发展而形成条形长屋建筑。街屋左右两侧没有地方开窗，故通风、采光问题只能靠天井或天斗来解决。因经商需要，门面的木板可自由拆卸，空间直接对外，行人可自由出入，进屋选购货物。随着经济繁荣、人口增加、为了提供较多的室内空间来进行商业活动，街房将天井的上空，架起一个有柱无壁空覆顶，既能通风采光，又能遮蔽风雨，俗称"天斗"。有钱的商家"天斗"十分讲究，形式多样。街屋另一个特点是临街面都有一个廊道，即将老檐柱留出，门窗装修在檐柱上，形成廊道。并在山墙墀头侧边开凿门洞，以便通过。

（3）建造：砖木结构，硬山式，小青瓦顶。墙体、封火山墙为青砖建造，有清水墙、灌斗砖墙和混水墙做法；穿斗式木构架；天斗的造型两坡水、四坡水，采用当地传统工艺；三合土（石灰、黄土、砂子）地面。

（4）装饰：街屋的装修主要依据商家的富裕程度确定，普通商家大门装置有可供拆卸的格扇门，房间的隔断多为木板壁，简单穿斗木构架；有钱商家大门虽为格扇门，但棂心十分讲究，有灯笼框、步步锦、冰裂纹及曲棍等形式，裙板雕花卉及几何纹。房屋檐下有撑栱，斜木加工成为各种兽形、几何形和牛腿，廊檐枋子下常设雕刻繁复的雀替、楣子、挂落。室内则雕梁画栋，十分豪华。

（5）成因分析：街屋是湖北地区的一种商、住两用建筑。街屋紧贴街道石板路而建，每户店面相连，左右两侧没有多余空间，建筑只能纵向发展，形成条形长屋建筑。通过天斗采光通风。

（6）比较/演变：湖北地区街屋是随着明清之际，商品经济的萌芽而逐渐发展起来的，与江南商铺相比，外墙较高，天井较小，内部空间开敞、通风，外表朴实，装饰简单。

（7）代表建筑：

① 羊楼洞街屋

羊楼洞素有"青砖茶乡"之称，也是驰名中外的"洞茶"故乡。据清同治《蒲圻志》载：羊楼洞始建于明代，形成于清道光至咸丰年间（1821—1861年）。羊楼洞古街位于松峰港以西，由庙场街、复兴街和观音街组成。庙场街段和复兴街前段街道依据松蜂港走向呈现曲线形。古镇上商业店铺大多集中分布在这段街道上。建筑尺度相近，错落布置。街道两侧保留有清代、民国时期的住宅、商铺300余栋。建筑结构为砖木结构、分上下两层，上层为阁楼，下层为商铺。屋架为穿斗式木结构，墙体为砖结构，有一进二重、三重式，前店后宅，中间设置天井（图2-42～图2-47）。

② 龙港老街街屋

龙港老街街屋位于阳新县龙港镇，地处鄂赣边界，南依幕阜山脉，北濒富河，交通便利，是湖北省东南边陲的历史名镇。据《阳新县志》载，龙港老街始建于元代末年。明代鼎盛，称龙川市。清光绪十一年（1885年），清朝政府在此设龙港巡检司和龙港市。清末民初，龙港街店铺鳞次栉比，旗幡招展，拥有商号、作坊300余家，有"小汉口"之称。龙港老街长600米、宽5米，青石板路面。两旁为清末修建的二层砖木结构街屋，上层为阁楼，下层为商铺。前店后宅，中间设置天井。店铺均为木装修铺面，木板镶拼雕花门。檐枋、撑弓、雀替采用浅浮雕或深浮雕，造型古朴。屋架为穿斗式木结构，墙体为砖结构，以户为单位，一进数重，店铺前砌有石台阶。店铺毗邻，以燕尾垛，拱龙脊封火山墙相隔，形成合面街、石板街、石板巷（图2-48）。

图2-42　羊楼洞街屋　　　　图2-43　前店后宅

二、湖北汉族传统民居类型

图2-44　街屋装修与天斗

图2-45　羊楼洞石板街道

图2-46　赤壁羊楼洞熊家老屋天斗

图2-47 羊楼洞街屋

图2-48 龙港老街街屋

9. 作坊

古代从事手工生产的场所。生产工具一般比较原始、场地简陋，也称"作场"、"坊"、"房"等，有官府作坊和民间作坊之分。

（1）分布：全省均有分布。

（2）形制：手工作坊是简单协作的生产场所，一般根据生产工具和操作场所的需要，建造具有较大空间的棚式建筑。

（3）建造：作坊采用传统的木结构，多为大跨度的三架梁，前后视进深需要加置单步梁，梁架间无任何装饰构件。正间出檐深，多为1米以上，形成檐下走廊，平面标高不等，屋架四周以青砖围墙相连，由三栋或四栋内部空敞的建筑组成。多为封闭式三合院或四合院布局。

（4）装饰：除了悬挂与生产相关的说明标志外，没有其他装饰。

（5）成因分析：封建社会中的手工业生产是以家庭小作坊为基本单位，使用简单的工具或原始机器，以交换为目的从事农产品或其他用品的生产，活动的场地和居所比较简单，并与生产线和工艺流程相适应。

（6）比较/演变：作坊是早期手工生产的原始工场。随着经济的发展，作坊为适应社会发展需要，不断改变劳动工具和生产方式，由手工业生产向机械工业过渡。建筑形式也由原始场棚式建筑迈向现代化工厂。

（7）代表建筑：

① 南漳龙王冲造纸作坊

龙王冲造纸作坊位于南漳县薛坪镇龙王冲村，是古代"漳纸"的造纸作坊（图2-49）。龙王冲村陈家老屋坐落在峡谷平地中央，为一幢古老的天井院，始建于民国元年（1911年），耗时6年建成，正房高三层，中间为天井，面阔12米，进深16米，共有22间房屋。陈氏祖居江西，以造纸为生，因躲避太平天国战乱，迁居湖北咸宁，其后一支又转迁南漳漳河。由于这里水源丰富，石灰石密布，河谷中盛产毛竹，便在此定居。陈家老屋面对漳水而建，青砖硬山布瓦，门匾悬"卧龙出山"四字。由于这里地处深山密林，陈氏家人除了送货外出，过着几乎与世隔绝的生活，至今保留着较原始的生产、生活方式。

陈氏族人以漫山遍野的毛竹为原料，以清澈甘冽的漳河水为为动力，用最古老而又最原始的方法制造"火纸"。明宋应星《天工开物·造竹纸》："盛唐时，鬼神事繁，以纸钱代焚帛，故造此者名曰火纸……用竹蔴者为竹纸……粗者为火纸。"由于"火纸"是一种祭祀用的纸钱，是祭奠、祭祀、做鞭炮的上好材料，销售方式十分稳定。陈家现在已传至第九代；陈家左侧保留着原始的造纸作坊，作坊为大木构架搭建场棚式建筑，共三间。造纸设备主要有水车、木碓、浆池、碓臼、压水器、捞纸帘具、大小木钓（挤压水分的工具）等（图2-50）；作坊外有9口料池，用以浸泡毛竹（图2-51）。陈

图2-49　南漳龙王冲造纸作坊

图2-50　造纸作坊古老的水车碓臼

图2-51　浸泡毛竹的生石灰池

氏造纸工序十分复杂，共72道工序，从砍竹、捆竹、运竹、锤竹，到水沤、选料、浆灰、洗料、发酵、捣料、打槽、捞纸、松纸、晒纸等（图2-52），有"片纸来不易，过手七十二"之说。操作步骤为：每年腊月砍毛竹，次年清明节后开始造纸，毛竹被截成5尺5寸长短，干打破裂后，浸泡在生石灰池中，沤三个月，洗去石灰，再用水车碓舂成竹末，再由工人将捣碎的竹麻用脚踩成浆，将纸浆放到池子里浸泡、搅拌后，用篦子般细密的竹帘子，将纸浆一张张地抄起，一层层地放入木制箱型的大、小吊里。利用杠杆原理固定杠子一头，将另一头往下压，慢慢地压去水分，揭开钓机，按竹帘上的分格线将纸切成一摞摞的方块晒干、晾干。再把粘连一起的纸搓开，称为松纸，最后整形为商品（图2-53）。生产周期需要7至8个月。

南漳造纸作坊原有几百座，仅黑河上游就有造纸作坊七八十座。十年前还有很多纸厂在生产，后来受蔗糖纸廉价的冲击，南漳的人工造纸失去价格优势，大量停产歇业，现仅有七八座作坊断断续续地生产，唯板桥镇夹马寨造纸作坊保存完好（图2-54）。

② 宣恩箭竹坪榨油坊

榨油坊位于恩施土家族苗族自治州宣恩县李家河乡箭竹坪（图2-55）。这座榨油坊根据"火炒、石碾、火蒸、包饼、排榨、槌撞"等传统生产工序（图2-56～图2-59），由油磨房与榨油房两部分组成：油磨房位于作坊区的一侧，结构与常见的土家民房相似，只是四周没有装修；榨油房结构与磨房相同，房中安放着一架木制榨油机和装油的器具。

榨油的工序大致为：作坊的工人将菜籽倒在石碾盘中，用耕牛带动碾架上的石磙碾压将菜籽碾成菜粉。然后上甑蒸熟，并打坯分包，做成坯饼。码放在百年松木凿成的榨槽的榨河内，用木楔挤紧，开撞榨油。依靠人工冲击产生的压力把油榨出来，通常是

图2-52 打槽、捞纸

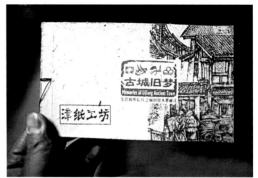
图2-53 古纸印刷的古城旧事

图2-54 南漳板桥镇夹马寨造纸作坊

图2-55 宣恩李家河乡箭竹坪村榨油坊

图2-56 石碾菜籽

二、湖北汉族传统民居类型

095

图2-58　将坯饼码放在榨槽的榨河内

图2-57　菜籽碾成粉然后上甑蒸熟　　　　图2-59　撞槌"打油"

"三担菜籽一担仁，一槽油"。用木楔"打油"的场面最精彩：屋梁下横吊着一根长6米、粗0.4米的老柏树"油担"，头上戴了"铁帽"，形成撞槌，利用荡起的冲击力撞击油槽加进的木楔；一下一下地敲打，木楔根据需要一根一根添加，在巨大的挤压力下，菜油顺着槽眼流出。开榨时，掌槌的老大执着悬吊在空中的撞槌，唱着有节奏的号子，在众人的应和下，将长撞槌悠悠地撞到油槽中的"尖子"上，发出金钟般的长鸣，油香从油坊里飘荡出来，金黄色的菜油从榨河孔中流进大缸。菜油是土家族主要食用油，土家族集聚的两三个村寨就有一个榨油坊。

③ 羊楼洞制茶作坊

羊楼洞茶叶作坊也称茶行屋。明清时，羊楼洞拥有各类茶叶加工作坊100多家，分布在溪河两边，是全国最大的茶叶加工基地。早期的作坊因陋就简，是利用住房进行茶叶加工。由于住房矮小，空间有限，不能满足茶叶加工的需要，发展到后来，不得不对住房进行改造，逐渐形成具有专业茶叶加工功能的茶行屋。这种茶行屋在外形上仍为当地的民居形制，硬山屋顶、封火山墙，四周合院。但在空间结构上有着明显的差异。首先，茶行屋空间要求较大，建筑面积少则几百平方，多则数千平方，面阔均为五至七间，进深为七至九间，内部十分高大宽敞。外围由封火山墙和院墙封护，正立面并列一至三个大门，十分气派。茶行屋一般为两层：下层为拣茶场所，能容纳几百女工同时操作，每个女工有一个篮盘，两只直径二尺多的蔑箩，每拣满一蔑箩，担茶工则将茶叶送往蒸茶房；行屋设有压制间、包装间、检验室和蒸茶房；行屋上层铺有地板，面积宽大，是茶叶晾干和储存的场地，能储存原茶百余万斤和晾茶八千箱。如罗家大院七进茶行屋、庙场街122号邓氏五进茶行屋（图2-60～图2-65）、土地咀邱家五进茶行屋，这几处茶行屋为晋商所

图2-60　庙场街122号邓氏五进茶行屋　　　图2-61　庙场街122号邓　图2-62　邓氏制茶作坊内部
　　　　　　　　　　　　　　　　　　　　　　　　氏五进屋大门

图2-63　制茶砖机　　　　　　图2-64　制茶作坊工人　　　　图2-65　清光绪四年（1878年）米砖茶加工幻灯片
　　　　　　　　　　　　　　　　　　　　　　　　　　　　　　　　　（伦敦大公司制作）

使用；观音街65号游家大屋场三进合院茶行屋为俄商使用。邓氏五进茶行屋平面布局为"田"字型，东、南、西、北沿边为砖茶加工车间。加工车间又分为捡茶房、蒸汽房和压制房；三个天井并列中间，为加工车间提供光源；三个天井相间处有两个检验室，为加工车间检查茶叶加工的质量和评定加工后茶叶的等级。特别是这种外观为传统建筑形式，而内部空间与功能完全是生产方式的大厂房，已具有现代厂房简洁、实用的功能，在当时堪称一大创举。庙场街55号茶行屋是一种由居住形式改建为制茶作坊的茶行屋。它为我们了解茶行屋的演变提供了实物资料。

10. 里巷住宅

里巷是一种近代城市民居形式，多为石库门建筑。1861年汉口开埠以后，先后有20个国家在汉口设立领事馆和租界，涌现了一批罗马式、哥特式、俄国式和日本式建筑。这些建筑的形成促成了里巷的兴起。里巷住宅门头装饰采用湖北传统的图案，并挂有建筑名称的标牌，高雅富贵。针对武汉夏天高温闷热的特点，房内有良好的通风和遮阴设备，较好的解决室内高温问题。

（1）分布：主要分布在武汉、宜昌、沙市等大中城市。

（2）形制：里巷民居的建筑格局：一般为一条巷弄，宽约4至5米；巷弄两侧为相连并列的民居，民居平面一般呈长方形，入口朝向巷弄，门上有雨棚，屋顶多为平顶。里巷民居总入口与城市道路相连，为独立的石库门，门额上书写里巷名称。巷弄为石砖铺地，沿巷弄设有明沟排水，民居设有院门，各户院墙相连。进入院门为天井或内院。此类民居多为两层楼，砖木结构，红砖砌清水墙，搁架木构件，室内有木楼梯，人字形屋架，盖机制红瓦。里巷民居格局还有主巷弄和次巷弄，以及多条巷弄交叉的格局。

（3）建造：里巷民居巷弄为石板或砖铺地，民居采用砖木结构或混合结构，二层楼房，少数为三四层。建筑外墙多为红砖，搁架木构件，人字形屋架，屋面盖机制红瓦。装饰多集中在入口线脚和门饰、室内的木板墙裙、楼梯扶手的木雕装饰等，装饰融合了中西文化特点。

（4）装饰：里巷民居多为二层楼房，少数为三四层。装饰多集中在入口线脚和门饰、室内的木板墙裙、楼梯扶手的木雕装饰等，装饰融合了中西文化特点。建筑的外墙用仿麻石粉刷，立面的装饰纹样丰富多彩，有西洋花卉、卷草、字纹、旋子纹等。内部装修铺拼木地板、木墙裙、壁炉采暖，在分隔上有独立的卫生间和阳台，融合了西方的一些城市住宅功能。

（5）成因分析：汉口的里巷住宅源起于租界建筑的兴起，也是中国近代城市化发展的结果，由于城市功能的需要和城市人口结构的改变，里巷住宅取代以农耕经济为居住形式的传统住宅，成为既能满足城市的需要，又能充分利用建筑空间的新的建筑形式。

（6）比较／演变：随着汉口的发展，城市中工商业者不断增加，里巷的建造有了较大的改进。一是扩宽了里巷的交通通道，层次分明，分别形成约4米宽的交通巷道和2米的生活巷道；二是在建筑空间上更多的考虑到朝向、通风与日照要求，将欧洲联排式住宅和湖北天井式院式民居融为一体，住宅前多为天井，三面围合的大窗采光充足；三是在使用功能上将居室、起居室、厨房、厕所、佣人间按主从关系进行布置，提高住宅平面利用率。

（7）代表建筑：

① 同兴里

同兴里位于武汉市江岸区黄兴路与洞庭街之间，建于1932年，是大买办刘子敬的私人花园，1928年前后由徐、胡、刘等16家在此建楼，形成居民区，称同兴里。同兴里有4条巷道，主巷道偏东西走向，东口通鄱阳街，西口出胜利街，全长230米，宽4米，石板路面。主巷与城市街道相接，支巷与主巷相通（图2-66、图2-67）。临街的住宅被改建成商业店铺，入口采用过街楼的形式。同兴里建筑为二层砖木结构，一户一单元，单元成排布置（图2-68）。在建筑间留有宽阔的巷子，作为公共空间。每单元的二层住宅：一层为客厅、书房；二层为卧室、起居室；并有供佣人使用的阁楼、储藏间。每层有卫生间，每户有阳台或晒台（图2-69）。

② 巴公房子

巴公是俄国沙皇尼古拉一世的亲戚"大巴公"J·K·巴诺夫和"小巴公"齐诺·巴诺夫兄弟的合称。1874年，小巴公来汉口开办了阜昌洋行，进行茶叶贸易，积累了大量财富。1901年巴氏兄弟在汉口俄租界两仪街与三教街（今鄱阳街）交汇于黎黄陂路到兰陵路间的三角地带盖起了一栋三角形的公寓楼，时称"巴公房子"。它是武汉较早出现的多层公寓和汉口最大的公寓楼。整个公寓为砖木结构，地下一层地上三层。建筑平面呈锐角三角形，中部内院为三角形天井。单元式布局，分户明确，各单元分别设置出入口。大楼每面临街均有3个出入口。建筑外观立面严谨对称，尺度宏伟（图2-70～2-72）。

图2-66　汉口同兴里主巷道入口　　　　图2-67　汉口同兴里主巷道

图2-68　二层砖木结构，一户一单元　　图2-69　外檐装饰

图2-70　巴公房子

图2-71　巴公房子纪年砖雕

图2-72　巴公房子

11. 会馆

　　会馆是中国明清时期都市中由同乡或同业设立的馆所，也是科举制度和工商业活动的产物。兴起于明代，鼎盛于清朝，衰退于民国。会馆大多建于商业、手工业较发达的城镇。商业繁盛，商人为了维护自身的利益和协调业务，以应付同行竞争便修建会馆，以供同仁集会、议事、宴饮；此外会馆也是学子赶考寄宿的地方，读书人进京赶考，背井离乡，只能借住在同乡会馆。有些经科考为官的官员，发迹后或出资，或捐出住宅，建成了以资憩居的会馆，这类会馆多位于京城。每逢佳节，会馆就成了同籍贯的人解开乡愁的地方。这里可以听乡音，说家乡话，祭祀乡贤，有家乡的影子。

　　（1）分布：全省各大、中城市均有分布。

　　（2）形制：一般根据建造者的家乡观念结合财力确定。

　　（3）建造：根据地方审美观念和传统建筑方法建造。

　　（4）装饰：根据会馆的建筑体量、形制，有着不同装饰，较大的会馆雕梁画栋，彩绘装修精美，具有浓郁的家乡色彩。

（5）成因分析：先作为商人聚会的地方；随着商业发展，为了维护自身的利益，应付同行竞争，便修建会馆。

（6）比较/演变：早期会馆十分简单，大部分是在商人自己家宅内，随着经济的发展，会馆功能增加，渐渐成为独立的商业建筑。

（7）代表建筑：

① 襄樊山陕会馆

山陕会馆位于襄阳市解放路，又名山陕庙，建于清康熙五十二年（1713年）。由当时在襄阳的山西和陕西籍商人共同修建。乾隆三十九年（1774年）兴建了祭祀天、地、水的三官庙，嘉庆六年（1801年）又重修了山门及戏楼，增建了花园和荷花池。形成神庙与会馆相结合的建筑群，有殿阁楼堂100余间，居樊城会馆之首。会馆整体坐西朝东，占地约4000平方米。中轴线对称布局，现存石碑门楼、钟鼓亭、拜殿和正殿（图2-73）。

石碑门楼已毁，仅存撇山影壁（图2-74），高12米，内为砖石结构，外面以绿色琉璃构件镶嵌，绘有人物、花草图案，正中为腾龙翔凤云纹浮雕，通体翠绿，华丽精美，影壁的建造级别体现宅主人的身份、地位和志向追求。晋商对影壁情有独钟，推动了影壁的发展，雄厚的财力使影壁充满了富贵气，由影壁可知是晋商会馆；进入院内是一宽阔庭院，戏楼已毁，钟楼、鼓楼分立两侧，均建在2.2米见方、高4米的砖砌台基上，单檐歇山碧绿琉璃瓦屋面，檐下施如意斗拱，托起上翘的飞檐，轻巧灵动（图2-75）；拜殿为硬山式，高10米，宽16.6米，进深14米，四柱三间抬梁式构架，卷棚硬山绿琉璃瓦屋面；正殿硬山黄琉璃瓦屋面，高12米，宽16.6米，进深13米，抬梁式木构架（图2-76～图2-78）。殿内供关公神像，左有关平手捧金

图2-73　襄阳山陕会馆

图2-74　襄阳山陕会馆照壁

图2-75　襄阳山陕会馆钟楼

图2-76　襄阳山陕会馆前殿彩画

图2-77　襄阳山陕会馆石雕须弥座

图2-78　襄阳山陕会馆前廊

印，右有周仓手持青龙偃月大刀，造型高大威武；殿内另存"创建陕山庙碑记"、"樊镇西庙创建三官殿碑记"、"山陕会馆重修山门西乐楼碑序"等石碑，均圭首方座，通高2米，宽1米，厚0.2米，记捐资重建会馆事；正殿西南侧有配殿十余间，内供神态各式彩绘泥塑神像。民国中期，社会动荡，生意萧条，山陕客商不断离樊返乡，仅有小部分在樊城定居，山陕会馆也就逐渐衰落下来。

②襄樊抚州会馆

抚州会馆位于樊城沿江中路陈老巷口，为清代江西临川商贾设立的会馆。会馆坐北朝南，中轴线对称布局。现仅存戏楼、正殿及后殿，占地约2000平方米（图2-79～图2-82）。戏楼为四柱五楼式牌楼，通面阔12.4米，三开间，通进深8.4米，两开间，重檐歇山灰筒瓦顶，中部抬梁式、两山穿斗式构架，檐下施如意斗栱，雕有盘龙、瑞兽、麻叶头等纹饰。正面匾额题"峙若拟岘"，背面匾书"抚馆"二字。明间以木板相隔，上为戏台，楼下为通道。明楼、夹楼、边楼高低参差，错落有致，建筑造型十分优美；正殿、后殿建筑规模和形制基本一致，均为四柱三间，面阔16.4米，进深14.1米，硬山顶，内有卷棚。明间抬梁式、两山穿斗式构架，脊瓜柱坐落在栌斗上，雕花斗枋；馆内现存石碑一通，是嘉庆七年（1802年）禁止骡马进入会馆的告示。

抚州会馆是江西临川商贾洽谈贸易和聚会的场所，从高台戏楼的飞檐翘角，如意斗栱、两殿的额枋雕花中，禁止骡马进入会馆的告示等，人们不难想象当时会馆商务繁忙，门庭若市的热闹场面。

图2-79　襄樊抚州会馆

图2-80 襄樊抚州会馆戏楼

图2-81 会馆戏楼装饰

图2-82 襄樊抚州会馆

12. 干砌民居

干砌民居外墙不用砖，而是用当地常见的页岩不加灰浆填充进行垒砌的民居。

（1）分布：主要分布在武汉市黄陂区、黄冈市红安县、孝感市大悟县等地区。

（2）形制：干砌民居为石木结构，即墙体多为不规则页岩石块干垒，仅在关键部位用糯米灰浆相粘连。梁架多为穿斗结构。民居建筑体量一般较小，进深浅。

（3）建造：采用青石干砌，建造过程不着泥浆，石材大小间压，层叠相对，彼此牵制，结为整体。

（4）装饰：干砌民居结构相对简单，没有其他装饰，这种建筑不仅体现了人对自然环境的适应性，而且建筑与环境高度和谐，具有一种古朴和浑厚的美。

（5）成因分析：干砌民居是丘陵地区的一种建筑形式。一方面，由于该地域多山地丘陵，石头裸露，取材较为方便；另一方面因缺土缺水，加上经济欠发达，采用干砌工艺省工、省时、耐用，事半功倍。

（6）比较/演变：山地丘陵地区建筑本身就建在没有经过较大开发和改变的大自然中，而且居民赖以生存的就是土地和自然环境，山民必然与自然产生一种天生的感应，使他们的民居与当地自然环境相适应，从而使人与自然和谐统一，共存共荣。

（7）代表建筑：

① 泥人王村干砌民居

该干砌民居位于武汉市黄陂区李家集街泥人王村。现有农家十余户，多数房屋是干砌民居，石木结构，墙体采用页岩干砌，没有填充材料，石块之间大小错落，相互叠压，缝隙之处用小石头垫实。民居为三开间，一明两暗，硬山屋顶，覆青瓦（图2-83～图2-86）。

② 木兰山干砌建筑群

该建筑群位于武汉市黄陂区木兰山。木兰山原名建明山，传说巾帼英雄木兰曾在山下居住。明万历三十七年（1609年），当地村民在山上建庙纪念木兰，山亦更名木兰山。木兰山地质结构属片岩、长英片岩、绿片岩和红帘石片岩变质带，是低温高压变质作用的产物，也是板块消亡带、陆地和陆地碰撞带。因此，这一地区板岩、页岩十分普遍，当地民居大多就地取材，采用青石干砌，不用砂浆勾缝的方法建造房屋，俗称"木庐干砌法"。由此也形成了木兰山古建筑一大奇观，即七宫八观三十六殿，占地3万余平方米的建筑大多采用干砌方法建造。这些宗教建筑历数百年风雨而不倒塌，别具特色（图2-87～图2-91）。

图2-83 泥人王村干砌民居

图2-84 泥人王村三层干砌民居

图2-85 干砌民居蛮子门

图2-86 干砌民居道路

图2-87 木兰山干砌建筑群

图2-88 干砌两仪殿

图2-89 干砌玉皇阁

图2-90 青石干砌道房

图2-91 木兰山干砌木兰将军坊

13. 岩居

岩居是将山崖开凿掏空修建成为住房，其生活设施在开凿时一并修建。湖北地区岩居大多开凿在红色砂砾岩上，山体属丹霞地貌，十分险峻。开凿岩石的主要目的主要是获取石料，砂砾岩坚硬、富含钙质、硅质等，特别是裸露的赭红砂岩，经空气氧化后变得十分坚硬，是非常好的建筑材料；同时，未经氧化的赭红砂岩，在开采时岩性柔和，便于加工。因此，石工往往采取开凿掏空的办法进行取料。又因山洞冬暖夏凉，生活方便，山洞便成为岩居的理想场所。

（1）分布：主要分布在当阳青龙河畔百宝山。

（2）形制：直接将岩石凿成住房，洞内石床、石窑、石窗、石井、石池、石厕等生活设施齐全。

（3）建造：主要有两种办法：一是用铁锤和钢钎开凿，并逐层推进和深入，将所需要的方石运出销售，然后根据需要修理洞壁，使之成为岩居。另一种办法是"火烧水激"法，据《部君开通阁道碑》"火烧水激"法，即架起大火，将岩石烧到极热，立即用凉水或醋浇上去，由于热胀冷缩，岩石破裂或变得疏松，然后一点一点地用钢钎清理。这种方法主要用于初期开采和清理场地。

（4）装饰：古岩居除了基本的生活设施外，没有其他装饰；另外，岩居门洞周围布满柱洞，历史上洞内可能有木装修。

（5）成因分析：百宝寨位于沮水河畔，沮水与长江相通，自古是重要的水码头，岩居的开凿最初是为获取石材，由于取材方便，又具有水上运输便利，加之长江沿岸的城市或临江修建码头，或建造驳岸，或建筑防御工事，需要大量的石材，从三国时期开始，这里便是中国最大的石材加工基地之一。由于社会动乱，洞穴逐渐演变为避难所和古兵寨。据清乾隆五十九年《当阳县志》载，山上有击鼓寨、杨门寨等。

（6）比较/演变：百宝寨的古岩居距今已有一千七百余年的历史，已探明岩居达3000余个，比此前发现的武夷山岩屋（108个）、花山迷窟（约50个）、北京延庆岩屋（117个），不仅时代早，而且数量多，是我国目前已知最多、最大、最密集的大型古岩居群。

（7）代表建筑：

① 百宝寨古岩居群

百宝寨古岩居群位于当阳市青龙河畔，这里是湖北现存面积最大最集中的丹霞地貌群，赭红的砂岩糅合澄碧的河流，风景秀丽。百宝寨因河边屹立着百十座山头而得名。相传岩屋开凿始于三国时期（220—265年），止于清咸丰五年（1855年），分布在50公里长的临水峭壁上。现已探明的古岩居有3000余个（图2-92）。

② 傅家岩屋

傅家岩屋位于青龙湖傅家冲口，是百寨景区唯一开放的一处岩屋群。岩屋凿于红砂岩山体半腰的绝壁上，两排岩屋共15间，上层6间，下层9间。每间一个洞口，高1.6米，宽0.8米，壁厚70厘米，上层洞口距离水面8米，下层洞口距离水面5米，攀援进洞，十分不易。15间石屋中，除3间密室外，其他洞洞连通，洞内宽敞，干燥明亮。洞里凿有石井、石池、石厕、石窑、石床、石天窗等。在上层第4间岩屋内，依石壁凿成石灶，灶膛内有烟火熏烧的痕迹，灶门上方凿有出烟孔，设计精巧；洞内东西石壁上，凿有对应的孔，一边圆洞，一边为斜长洞，用于安装木梁和搁放木板，既可作为床铺睡觉，也可放置东西（图2-93～图2-100）。

③ 青龙岩屋

青龙岩屋位于百宝寨南100米处红砂岩绝壁半腰，是百宝寨最大的岩屋群（图2-101、图2-102）。岩屋分上下3层18间，间间相通，十分宽敞。北边岩屋只有一个门洞，距青龙河垂直距离约6米，洞内面积约80平方米。门洞周围布满柱洞，为洞内原有木装修损坏后所遗留；南边的岩屋分上下两组，上洞的内空面积200多平方米，有石雕厕所、厨房、灶台、锅台等，灶台、面壁的洞口为烟窗。这些设施与石屋连为整体，显然是经过精巧设计和布局。岩屋四壁天庭留有人工开凿的痕迹，墙壁上留有炊烟熏烟斑。一间小室壁上有一通小石碑，题款有"送洞两穴……咸丰五年六月"字样；下洞十分简单，没有生活用具。

图2-92　百宝寨

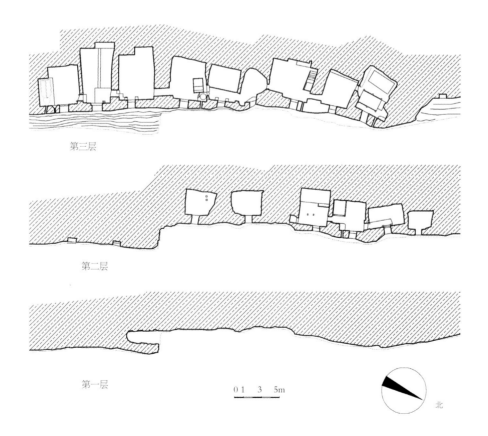

第三层

第二层

第一层

0 1　3　5m

北

图2-93　傅家岩屋平面图

图2-94　沮水与傅家岩屋

图2-95　百宝寨傅家岩屋

图2-96　傅家岩屋大门

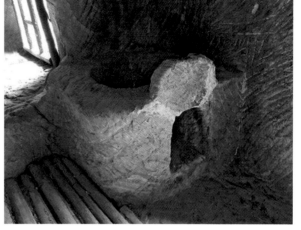

图2-97　傅家岩屋石雕灶台

图2-98　傅家岩屋楼梯

图2-99　傅家岩屋套房

图2-100　青龙岩屋

图2-101　青龙岩屋套间

图2-102　青龙岩屋大门

④百家洞岩屋

百家洞位于百宝寨金沙铺（图2-103～图2-106）。据考证，百家洞岩屋造于宋代，明代栗联芳有一首吟金沙百家洞诗"望中云窟出岩颠，驰马还从顶上旋。一壑朝来云彩荡，千山围处不遮天。只堪樵径依云辟，恰好僧房对月眠。已识周何皆有累，誓于此地学参禅"。岩屋分上下2层，共12间，洞窟的外形为偏长方形或不规则形，洞与洞之间相距很近，上

下两层也缺乏应有的间距，不像傅家岩屋和青龙岩屋那样有相当的间距、规律和安全性，还保持着早期对岩窟开凿的幼稚认识；而且洞内也没有生活设施，可以推断当时石工不住在洞内。由于洞外是沙滩，秋冬两季泪水枯水季节，船舶因沙滩不能停靠在岩边，从而影响洞窟的石料外运，因此开采量有限，继而废弃。

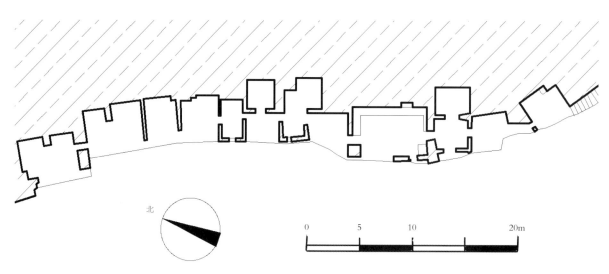

北

0　　　5　　　10　　　　20m

图2-103　百家洞岩屋平面

图2-104　百家洞岩屋

图2-105　百家洞岩屋大门

图2-106　百家洞岩屋套房

14. 神祠

神祠是中国本土宗教的一种建筑形式，是原始宗教的产物。《礼记·祭法》："山陵川谷丘陵能出云为风雨，皆曰神"，《史记·万石张叔列传》："天子巡狩海内，修上古神祠"。唐宋之际，随着大小神祇的逐步定型化，一些供奉原始神灵的神祠得到政府许可在全国建立。甚至皇室也供起了"司井之神"。明刘若愚《酌中志·大内规制纪略》："殿之东曰神祠，内有一井，每年祭司井之神于此"。各种神祠在封建社会十分盛行，遍及名山大川和肆井乡村，呈现出鲜明的地方特色，祠中供奉的神多为神话传说和历史故事中的神仙与人物，不少还保留原始图腾崇拜的痕迹。

（1）**分布**：全省均有分布。

（2）**形制**：没有固定的形制，一般根据修建者的财力决定神祠的建筑规模。

（3）**建造**：神祠多为地域性建筑，其建造方法与地方传统建筑方法一致，建筑体量较大。

（4）**装饰**：根据神祠的建筑体量、形制，有着不同装饰，较大的神祠雕梁画栋，彩绘装修精美；较小的神祠朴实无华，仅有一通石碑，记录着神祠的来历。

（5）**成因分析**：神祠起源于原始宗教崇拜，先由简单的少数人仪式逐步发展为较大规模的群体性仪式，并形成相对固定的场所，并由此产生特定的建筑。

（6）**比较/演变**：早期原始宗教祭祀场所十分简单，大部分是在野外进行，农耕定居后，祭祀场所固定下来，随着氏族的强大和经济的发展，祭祀场所由野外逐步转移到室内，最后形成神祠。

（7）**代表建筑**：

① 鄂州观音阁

观音阁位于鄂州市以北长江江心一块突起的小岛之上，原为祀奉龙王的神祠，后改为观音殿，又称龙蟠矶。建于元至正五年（1345年），为蒙古族人监邑铁山所建，迄今700多年。据清光绪《武昌县志》："龙蟠矶寺在县龙蟠矶上。旧名观音阁。周回七十余丈，冬出夏没，曾有龙蟠于此，积日方去。石矶隆起江中，去岸不盈一里，石势蜿蜒如龙，因名"。龙蟠矶历史上是鄂州至黄州的古渡口。据记载，清顺治元年至宣统三年（1644—1911年），长江发生43次特大洪水，观音阁屡被淹没。同治三年（1864年），钦差大臣湖广总督官文捐资千金，对观音阁进行维修，并书"龙蟠晓渡"四字。相传孙权定都鄂州之前，黄龙蟠卧，积日方去，故又名"蟠龙石"。它与东面江岸的"凤凰台"遥相呼应，并称"龙蟠凤集"，应证帝王定都祥瑞。蟠龙翘首西望，观音阁雄踞龙首之上，是为"万里长江第一阁"（图2-107）。

观音阁建筑为东西向,略呈长方形,长30米,宽14米,占地面积约为420平方米,由祖师殿、观音殿、老君殿三殿,及纯阳楼、观澜亭等组成;祖师殿为观音阁第一进建筑,砖木结构,抬梁式大木构架,硬山屋面,面阔6米,进深8米,牌坊式门脸,牌坊匾额刻"龙蟠晓渡"四字门额。殿内前檐柱与金柱之间做有卷廊,卷廊上方为鹤颈翻轩和彩绘,殿堂神台供奉真武像(水神),真武像上方高悬"虚悬水际"四字匾额,左右两面山墙中嵌有青龙、白虎二将浮雕;脊梁上悬挂东方朔圆雕小像,东方朔是汉武帝时著名文臣,是儒教的神祇,民间风俗相传东方朔能镇压水势;祖师殿后为观音殿,砖木结构,硬山式,面阔6米、进深6米,穿抬混用大木构架。殿内设有神台供奉有观音雕像,上方悬挂"普渡众生"匾额;后殿老君殿,硬山式屋面,面阔8米,进深7米,穿抬混用大木构架,殿中设有三个牌坊式神龛,龛内供奉有玉帝、老君、王母娘娘神像,上悬挂"紫气东来"匾额;纯阳楼建在与祖师殿和老君殿相接的南山墙外,砖木结构,面阔三间,进深一间,歇山式小布瓦屋面,楼分两层,一楼设有斋厨,二楼供奉吕纯阳睡像;观澜亭位于纯阳楼以西,建于明代嘉靖六年(1527年)。该亭小巧玲珑,亭四周建有栏杆,可供游人凭栏远眺。观音阁利用江中弧形蟠龙矶,减缓水势,矶上殿阁错落,飞檐纵横,任凭江水拍击,岿然不动。观音阁将民间祭祀龙王、儒教的镇水神东方朔、道教祭祀的真武祖师(水神)、佛教祭祀的观音(南海普萨)合并在一起,祈祷十方神灵保佑平安,是十分少见的神祠,被誉为"鄂州第一名胜"。

②宜昌黄陵庙

黄陵庙位于宜昌市长江西陵峡南岸黄牛岩山麓三斗坪镇(图2-108、图2-109)。据三国诸葛亮《黄牛庙记》、北魏郦道元《水经注》、北宋陆游《入蜀记》、清《宜昌府志》、《东湖县志》、《宜昌县志》等文献记载,黄陵庙古称"黄牛庙"、"黄牛祠"。始建于春秋战国时期,相传大禹治水时,得神牛相助,用犄角疏通河道,帮助大禹控制住了洪水,后来神牛化为山岩,福佑百姓。为纪念大禹和神牛,人们在此修建了黄陵庙。

黄陵庙坐南朝北,现存建筑为明万历四十六年(1618年)重建。平面布局为长方形,中轴线上有山门、戏楼、禹王殿、祖师殿(遗址)等建筑;左右两侧有武侯祠、古民居、文物展厅、白骨塔、放生池等建筑。现存山门为清光绪十二年(1886年)重建(图2-110、图2-111)。四柱三楼牌坊,砖木结构,楼牌上饰雅五墨彩画,中间书"老黄陵庙"石匾,青石门框上阴刻清宜昌总镇罗缙绅题书楹联:"神佑行人布帆无恙,踵成善举栋宇维新";山门后为戏楼,通进深6.8米。戏楼抬梁木构架,面对着大殿,两山墙为青砖砌筑,刻"大清光绪十二年丙戌岁"和"湖北宜昌总镇罗缙绅重修黄陵庙"题记。小青瓦屋面垂兽为狮豸、龙、鳌鱼等,姿态各异,十分生动,为典型的峡江风格。禹王殿为明万历四十六年(1618年)重建,抬梁式木结构,殿内有36根楠木柱,金柱直径0.78米(图2-112、图2-113)。上下檐斗栱96攒,六

图2-107 鄂州观音阁

图2-108　宜昌黄陵庙

图2-109　宜昌黄陵庙

图2-110 黄陵庙山门

图2-111 黄陵庙山门陶塑

图2-112 黄陵庙大殿

图2-113　黄陵庙内大禹像

图2-114　禹王殿金柱上悬挂着同治庚午（1870）年洪水至此标示牌

铺作。前后檐柱上均置鳌鱼五彩木雕。前后格扇门，两山木板隔断。庙内保存有：诸葛亮、郦道元、李白、杜甫、白居易、欧阳修、苏轼、黄庭坚、陆游、张鹏翮、张问陶、王士祯、李拔等历代名人佳作石刻数百通，记录峡江两千年来的风物、风情、治水、航运、农桑及洪患、地震、战争等。禹王殿后檐柱上留有清咸丰十年（1860年）和同治九年（1870年）长江发生特大洪水淹没后留下的痕迹（图2-114）。这一渍迹，记录了长江百年洪峰的水位，为后来修建长江水利枢纽工程葛洲坝和三峡大坝设计提供了重要的水文依据。

黄陵庙是我国祭祀大禹起始最早、沿袭时间最长的神庙之一。汉代以前人们便广泛祭祀大禹为"山川神主"。唐宣宗元年（847年）黄陵庙始建禹王殿，主祭禹王而沿传至今。川江舟民祭拜大禹为"江神"，入蜀出峡必到黄牛驿附近的黄陵庙敬香，称黄陵庙为"江神庙"。每逢禹王的生日，人们在这里举办盛大的"江神会"，祭拜江神，祈求行船平安。

15. 戏楼

戏楼又叫戏台，是中国传统戏曲的演出场地或供演戏使用的建筑。种类繁多，在不同的历史时期，有不同的形制和规模。最原始的演出场所是广场、厅堂、露台，进而有庙宇乐楼、瓦肆勾栏、宅第舞台、酒楼茶楼、戏园及近代剧场和众多的流动戏台。

（1）分布：分布极为广泛，有人群聚集的地方，几乎都设有或大或小的戏楼。

（2）形制：戏楼建筑一般为一座方形或长方形亭楼式建筑，平面呈"凸"字形，三面敞开，一面为后台。楼前是空场，周围三面建二层楼廊，供观众使用。戏楼是"一殿一楼"式，一殿一楼即两条屋脊，戏楼又分前、后台，前台就是戏台，后台是演员化妆、休息、存放道具的地方。戏台采用悬挂灯笼的办法照明。

（3）建造：戏楼是中国人的剧场，形态各异的戏楼构成了传统戏曲演出空间，形成了中国人特有的"戏楼文化"。戏楼的建造各地方法不尽相同，一般为长方形亭楼式建筑，戏楼前为广场或看台。特别重要的是戏楼成为民间祠堂的重要组成部分，建在祠堂大门的后面，每年祭祀祖宗都要在这里演出戏剧，族人与祖宗同乐。

（4）装饰：戏楼的重要特色就是细部装饰：戏台前立柱上的有楹联，建筑屋脊、壁柱、梁枋、门窗、屏风及其他细小构件上都有雕刻、彩绘、楹联等。内容丰富多彩，彩绘多运用青绿山水；雕刻则有浮雕、透雕等，不少雕刻彩饰图案，甚至贴金洒银，在整体上造成一种鲜艳灿烂、富贵豪华的效果。

（5）成因分析：戏楼源于古老的神庙祭场。神庙祭场是原始宗教专门的祭祀场所，中国人的原始神崇拜发生在旧石器晚期，"娱神"活动是一种宗教祭祀的歌舞。随着物质的积累，"娱神"活动逐渐从露天场所过渡到神庙。这种"娱神"活动至少持续了几千年，并与民间各种祭祀相联系，形成每年固定的祭祀，如"春社"、"秋社"、元宵节、观音菩萨的生日、佛诞日、中元节、下元节等。举行祭祀活动的目的是为了"娱神"，使神仙快乐！只有神仙快乐了，就会保佑老百姓过上好日子。戏场就成了寄托人们对神祇的无限敬畏和承载民生希望的神圣之地。

（6）比较/演变：早期的戏楼作用较单一，只是登场、退场。宋元时期，有故事情节的杂剧产生后，戏楼作用就扩大了，名称也复杂起来。宋代苏轼诗："搬演古人事，出入鬼门道"，"鬼门道"就是"上下场门"。古代戏楼，种类繁多，在不同的历史时期，有不同的样式、特点和建造规模。汉代开始盛行"百戏"，于是有了不受祭祀活动所限制专门演出的"戏场"。唐朝，歌舞升平，无论皇宫还是民间都出现大型演出的"戏场"；宋元时期，由于话本的兴盛，出现专门演唱的茶园"戏场"；明代酒楼戏院的出现使得茶园演唱走向衰败，清代茶园重又复兴，因为茶园少了酒楼的喧哗，又备有点心，更加适合老百姓观赏戏曲演出，成为专门的戏园。

（7）代表建筑：

① 浠水福主庙戏楼

福主庙戏楼位于浠水县散花镇福主村，始建于元末明初，清乾隆元年（1736年）重建。戏楼为重檐歇山亭阁式建筑，由前台、后台、化妆室三部分组成，平面呈"凸"字形，建筑面积110平方米（图2-115、图2-116）。台前依斜坡形成面积约5000平方米的广场（自然看台）。戏楼通高9米，台高2米，单檐歇山屋面，盖小布瓦，花饰正脊，鱼形吻兽，宝葫芦座中；仔角梁高翘，四角飞扬，楼匾书"云管阳春"四个大字（图2-117），出自唐宋之间《奉和幸神皋亭应制》："霜戈凝晓日，云管发阳春。"用以赞美古戏台上的戏曲美妙动人。檐下作如意斗栱，两柱额枋雕龙画凤，三面檐枋雕刻龙凤花纹和戏曲人物图案，左右角檐雕刻雄狮戏绣球和双凤朝阳（图2-118、图2-119）；天花藻井为太极八卦图案；前台与后台间隔有木板墙。左右耳门，分别挂"古往"、"今来"匾额。正中有清道光二年（1822年）景德镇生产的十二幅彩色瓷画屏风，内容为"贵妃醉酒"、"唐明皇游月宫"、"郭子仪拜寿"等戏剧故事（现藏于浠水县博物馆）；戏楼正面墙高挂"神厘溥庆"金字木匾。前檐挂有翰林院编修潘绍经所撰楹联："八角装成，宛若君臣父子；一声鼓出，居然儿女夫妻"，形象地说明了古代戏班以家庭为模式组成形式。戏台广场有三棵千年参天大树，环境优雅。

"福主"是此地的旧名，古时福主与长江相连，是个水乡泽国。相传四川奉节县一位县官，为民办事刚正不阿，因得罪了上司被摘掉了乌纱帽。当地百姓便在江边建了一座纪念他的小庙。有一年长江大水，小庙被淹，

图2-115　浠水福主庙戏楼

图2-116　浠水福主庙戏楼

图2-117　戏楼"云管阳春"匾

图2-118　戏楼凤凰木雕

图2-119　戏楼雄狮木雕

县官雕像被江水冲至下游的策湖邵家汊，被当地农民供进了"悠堂庵"。从此，邵家汊连年风调雨顺，县官成为百姓的"福主"，当地农民便建造了一座福主庙，由于福主庙很是灵验，这个地方也改称"福主乡"。福主也成为鄂、豫、皖水路交通枢纽，远近闻名的商埠码头和长江内湖的一个避风港。为了吸引商客，每年农历春节和八月二十三福主大老爷驻跸的日子。这里都要举办庙会，聘请有影响的剧团来此唱大戏。会期长达一个月，届时四川、江西、安徽等地的商人，云集此地，车水马龙，十分壮观。

②荆州川主宫戏楼

川主宫坐落在荆州市江津湖畔，建于清乾隆十年（1745年），宫内供奉刘备，故名川主宫。川主宫原址在沙市十四中学校园内，20世纪90年代搬迁至

此。戏楼坐北朝南，平面"凸"字形，由主楼、耳房、包厢组成。主楼面阔6.5米，进深9米，台高2.5米，通高10米，分戏台、后台。戏台歇山顶，类似凸出的抱厦。正脊饰砖雕镂空二龙戏珠，设鳌鱼吻。垂脊、戗脊镶黄色边，内饰砖雕镂空龙鱼及凤凰卷草图案；上额枋浮雕三龙凌空，龙头高昂；下额枋雕刻双凤双龙，呼之欲出；两侧上下额枋雕刻《三国演义》历史人物故事，人物神态各异，雕刻细腻；舞台正中为八方斗形天花藻井，顶部施以蟠龙祥云，嵌刻卷草、蝙蝠等祥瑞纹饰。后台硬山式屋面，小青瓦覆盖；两侧耳房面阔6.5米，进深5米，通高12.5米。从耳房正面拾级而上即戏楼，后墙两侧辟有场门，门额之上有石刻横匾"祥钟峨岭"、"锦灿荆江"；台前院落为观众场地，条石铺墁，两侧分设包厢（图2-120～图2-122）。

图2-120　荆州川主宫戏楼

图2-121　川主宫戏楼斗栱

图2-122　川主宫戏楼戏台

川主宫为旅荆川籍客商集资修建，又称"蜀英会馆"。每年的三月初三和九月初九，都要举办帮会，并演出堂戏。特别是清乾隆时期，文化繁荣，"徽班"进京，湖北地方剧种蓬勃发展。荆州成为鄂西南地区的戏剧活动中心，享有"楚调摇篮"的盛誉。川主宫大戏楼见证了当时荆州戏曲活动的繁荣和兴盛。

16. 节孝牌坊屋

节孝牌坊屋是将节孝牌坊和住宅修建在一起的建筑。节孝牌坊是明清两代为妇女修建的标志性纪念建筑，据清代《礼部则例》规定，节妇，"自三十岁以前守至五十岁，或年未五十而身故，其守节已及十年，查系孝义兼全厄穷堪怜者"，"未婚贞女"、"遭寇守节致死"的烈女，"因强奸不从致死，及因为调戏羞忿自尽"，以及"节妇被亲属逼嫁致死者"等。这些贞节烈女事迹，通过各级地方绅耆、族长、保甲向官府举荐，由各级官府进行表彰，如要敕建贞节牌坊，则由地方官上报皇帝御批。节孝牌坊是封建社会对贞节烈女死后的一种表彰和纪念；节孝牌坊屋则是供准备守节奉孝的寡妇修建的住宅。这种坊屋修建和申报程序如节孝坊一样，需要皇帝批准，不同的是申报的材料大多将活人说成死人。节孝牌坊屋是湖北地区一种特殊的建筑形制。

（1）**分布**：节孝牌坊屋分布在鄂东南江汉平原一带。

（2）**形制**：前面为皇帝赐封敕建贞节牌坊，牌坊后为寡妇居室，是牌坊与居室混为一体的建筑形式。

（3）**建造**：贞节牌坊为石结构或砖结构，也有砖石混合结构；牌坊后居室为砖木结构，硬山式，小青瓦顶，采用当地传统工艺。

（4）**装饰**：牌楼装饰有鄂东南地方特色的精美砖雕和彩画。题材有凤、云、水、卷草、花卉等，象征着人品的高洁。砖雕有浅浮雕和高浮雕，雕刻工整，形象简练，风格浑厚；彩绘采用雅五墨工艺，运线流畅，主题突出，层次分明。

（5）**成因分析**：封建社会的节孝行为有利于社会稳定，洪武元年，明太祖诏令："民间寡妇，三十以前夫亡守制，五十以后不改节者，旌表门闾，除

免本家差役。"将节孝行为与家族荣誉和经济利益捆绑起来。一些豪门大户，或为家族名誉和利益，或为防止寡妇再婚导致财产流失，便编造材料，打通关节，获得皇帝御批，敕建贞节牌坊。由于寡妇还活着，为防止发生变化，便将寡妇限制在特定的空间中，于是在牌坊后修建一间小屋，供寡妇居住，一直到死。

（6）**比较/演变**：节孝牌坊屋和节孝坊最大的区别是节孝牌坊屋是供寡妇居住的建筑，而节孝坊则是专门旌表为守节而死去的妇女的纪念性建筑。

（7）**代表建筑**：

① 张氏节孝牌坊屋

张氏节孝牌坊屋原位于通山县杨芳林镇株林村。2007年搬迁至武汉市黄陂区"明清古民居建筑博物馆"。张氏节孝牌坊屋建于清光绪十一年（1885年），是光绪皇帝为旌表张氏守节尽孝40年所赐建。节孝牌坊屋面阔三间，占地76平方米。牌坊为四柱三间三楼，砖结构，坊眼由"奉旨皇恩旌表""节孝坊·光绪乙酉年建""儒士黄保赤结发之妻张氏"三块石匾组成，"节孝坊"为光绪帝题写。牌坊后住房为砖木结构，硬山搁檩，面阔三间。两山略宽于牌坊，前出墀头，屋内没有窗子，也没有后门（图2-123～图2-125）。

② 成氏节孝牌坊屋

成氏节孝牌坊屋位于通山通羊镇岭下村塘下垅，建于清同治六年（1867年），坐北朝南，占地约34平方米（图2-126、图2-127）。节孝牌坊屋为砖木结构，硬山顶；牌坊为四柱三间五楼，中间一间可出入。牌坊屋檐下分别用三层如意斗拱撑起楼檐，六条鱼尾脊。正面雕有蝙蝠图案的花砖，上、下额梁上分别饰有八仙和双龙戏珠砖雕，边门额梁上丹凤朝阳砖雕，造型精美，十分生动。牌坊上有"同治六年"、"儒士许显达妻成氏"题款（图2-128）。两次楼下分别有"冰清"、"玉洁"的砖雕题额（图2-129、图2-130），工艺精湛。成氏是当地的美女，丈夫许远达死后，不少亲戚朋友劝其改嫁，媒婆也登门做媒，为表贞节，成氏用剪刀划破了自己的脸，独自将孩子养大成人，守节三十余年。

图2-123 通山张氏节孝牌坊屋

图2-124 通山张氏节孝牌坊屋

图2-125 张氏节孝牌坊屋彩绘

图2-126 通山成氏节孝牌坊屋

图2-127 通山成氏节孝牌坊屋

图2-128 "儒士许显达妻成氏"石匾

图2-129 "冰清"砖雕题额　　　　　图2-130 "玉洁"砖雕题额

17. 牌坊

牌坊是封建社会为宣扬封建礼教，表彰功勋、科第、德政以及忠孝节义所立的建筑物，又名牌楼，是中国门洞式纪念性建筑。

（1）**分布**：全省均有分布。

（2）**形制**：牌坊是一种门洞式建筑。早期的牌坊非常简单，就是两根立柱加上一块横木，两扇对开木门，较多地注重作为大门的实用价值。封建社会中晚期的牌坊主要为亭阁式坊门，平面布局为"一"字形到"口"字形，立面造型多为一间二柱三楼。

（3）**建造**：早期牌坊是一间两柱夹一块横板木构建筑。封建社会中晚期，牌坊被赋予封建礼教和纪念性的功能，其衡久性功能开始受到重视，并逐步演化为遮风避雨牌楼和石牌楼。牌楼多为亭式木结构建筑，石牌坊在形制上仿木结构，用上等石材雕凿而成。

（4）**装饰**：为了突出牌坊的纪念功能，牌坊上围绕牌坊主人的忠孝节义雕刻有大量的人物故事、吉祥图案、花鸟动物以及介绍文字，赞颂和宣扬坊主的德行，不仅具有标志性、纪念性、观赏性等精神功能；而且具有很高的文化价值与艺术价值。

（5）**成因分析**：牌坊最初仅仅作张贴通示之用，唐代实行里坊制，里坊中出现好人好事，须在坊门上张贴，以示褒奖。由此，坊门衍生出褒奖功能。为了能使坊门上褒奖告示长期保存，木坊便增加了顶盖，或改用坚固的石材料来制作，形成了丰富多彩的建筑形制，如节孝坊、状元坊、德政坊之类。

（6）**比较/演变**：牌坊起源于古老的"衡门"，经唐代的"乌头门"到宋代的"里坊门"、"棂星门"，牌坊逐渐成为一种独立的标志性建筑。牌坊滥觞于汉，成熟于唐、宋，明、清登峰造极，从实用建筑衍化为一种纪念碑式的建筑。广泛地用于旌表功德和标榜荣耀，不仅置于郊坛、庙宇，以及用于宫殿、庙宇、陵墓、衙署、园林和主要街道的起点、交叉口、桥梁等处；而且也是祠堂的附属建筑物，昭示家族先人的高尚美德和丰功伟绩，兼有祭祖的功能。牌坊景观性很强，对环境起到点题、框景、借景等效果。

（7）**代表建筑**：

① 阳新"圣旨"牌楼

"圣旨"牌楼是座旌表牌坊，位于阳新县龙港镇石角村（图2-131）。旌表类牌坊是封建社会特有的表彰性建筑，目的借以教化人心，多建在热闹的大街或受表扬者的住宅前。根据明清两朝相关规定：凡有优良事迹者，由社会贤达推荐，经过官家调查确认，上报皇帝批准，即可奉旨设立牌坊。"圣旨"牌楼建于明正统六年（1441年）。据《杨氏家谱》记载，明正统六年，是值天下饥荒，杨昭公购买1000余担谷，送交州府赈济饥民。此事上报朝廷，英宗皇帝遂下旨批准杨家修建牌坊，以旌表义举。

图2-131　阳新"圣旨"牌楼

"圣旨"牌楼与一般旌表类牌坊造型不同，类似湖北民间官宅的广亮大门。牌楼中间为四柱四楼重檐悬山式屋面，两边为砖制墀头，高14米，宽12米。下层为四柱一楼，屋檐下方，刻有双凤朝阳，门楼大梁上镶嵌着四个粗大的门当。门楣有明英宗手书"旌表义坊"四个大字。上方有100个鹤形斗栱，寓意为"百鹤朝圣"。屋面盖小布瓦。上层四柱三楼，高6米，中悬牌匾"圣旨"，匾额下方刻有"旌表杨昭仗义之门"，左下方刻有"正统六年四月二十八日"，牌楼后面是杨昭的住房。"圣旨"牌楼，雕刻精美，集建筑、礼制于一体，是湖北此类建筑的孤品。

② 钟祥少司马牌坊

"少司马"牌坊位于钟祥郢中镇，是座功德牌坊，建于明万历九年（1581年），由左兵部侍郎少司马曾省吾主持建造。曾省吾生于嘉靖十一年（1532年），嘉靖三十五年进士。隆庆末年，以右佥都御史巡抚四川，《明史稿》称其"娴将略，善治边"，"莅事精勤，多有建白"。万历元年，四川叙州土司都掌蛮叛乱，曾省吾荐刘显率领官兵十四万出征，"克寨六十余，俘斩四千六百名，拓地四百余里，得诸葛铜鼓九十三"。万历三年六月，升兵部左侍郎。曾省吾在四川平息土司"都掌蛮"叛乱和提督三边防务中有卓越功勋，一门四世皆获朝廷褒封。曾祖父曾逊，祖父曾辉、父曾璠俱封为光禄大夫，死后赠工部尚书官衔；曾省吾的曾祖母、祖母和母亲诰封一品太夫人，其妻沈氏、覃氏、胡氏封一品夫人。钟祥原有几座曾氏牌坊，一名"两朝纶命"，为炫耀曾辉、曾璠荣膺两朝封典而立；一名"父子进士"，为标榜曾璠、曾省吾父子南宫联捷而立；"少司马"牌坊东，还有"大司空"牌坊，是曾省吾任工部尚书时所立。现仅存下"少司马"牌坊（图2-132）。

牌坊为"〉—〈"形，六柱五间五楼仿木构石牌坊，通高11米。牌坊横匾刻"少司马"三个大字。两侧雕刻有二龙戏珠、凤凰、牡丹、松鹤、麒麟、鲤鱼跳龙门等镂空浮雕。坊檐下有四组镂空花纹，刻有"容恩"二字，字两旁为浮雕双龙纹装饰，雕刻精美，柱前有四个石狮子（图2-133）。

③ 陈献甲墓牌坊

该牌坊位于浮屠镇陈献甲村，建于明万历年间。陈献甲，是阳新富甲一方的商人，他急公好义，乐善好施。明代中后期，战事频繁，年年灾荒，陈献甲向朝廷捐粮数万石赈灾，明万历皇帝赐给"恩荣"和"真良家"牌匾，允许其比照公侯等级建造宗堂。陈献甲去世时，由于其仗义疏财，家产散尽。乡人集资为其建墓冢，以纪念其功德，并将村名改为陈献甲村。墓地占地面积200平方米，由牌坊、前室、祭坛、墓室、墓碑、护栏等组成。因古墓浮雕多花草树木鸟兽虫鱼，蔚为壮观，故又称为献甲花坟。墓前湖水碧波荡漾，墓后大山苍松翠柏，环境十分幽静（图2-134）。

牌坊青石雕凿，为四柱三楼冲天式，左右建有八字照壁，高7米，宽约15米，宏伟壮观，造型独特。牌坊的4根石柱分别用四对抱鼓石护脚，内侧对称

图2-132　钟祥少司马牌坊

图2-133　少司马牌坊镂空浮雕

图2-134　陈献甲墓牌坊

雕刻两个文官侍从手捧梅花鹿和官帽；冲天柱上各雕刻有一只雄狮，十分威武；额枋正面刻有旭日、凤凰；背面装饰有"渔、樵、耕、读"图案；两扇小门以狻猊、麒麟、凤凰、飞雁等图案雕饰。牌坊两边八字照壁上雕塑的吉祥图案。这种带有八字照壁的四柱三楼冲天牌坊，等级较高，在我省十分鲜见，具有独特的文物价值。

18. 古桥

桥是架在水上或空中便于通行的建筑物。古桥是传统建筑的重要组成部分。湖北省素有"千湖之省"的美誉，千湖伴生出荆楚大地形式多样的古代桥梁。

（1）分布：全省均有分布，最集中的主要在咸宁和恩施地区。

（2）形制：可分为梁式桥、拱桥、廊桥等。

（3）建造：梁式桥是以天然木材或石材为主梁作为承重构件的桥梁。主梁是桁架梁（空腹梁）。桁架梁中组成桁架的各杆件基本只承受轴向力，可以较好地利用木杆件或石板材料强度；实腹梁桥的最早形式是用原木做成的木梁桥和用石材做成的石板桥；拱桥由伸臂木石梁桥、撑架桥等发展而成。在形成和发展过程的外形都是曲的，所以古时常称为曲桥；廊桥又称虹桥、蜈蚣桥和风雨桥等，桥上建有长廊，亦可保护桥梁，又可遮阳避雨、供人休憩。主要有木拱廊桥、石拱廊桥、木平廊桥、风雨桥、亭桥等，主要分布于山区和河网密布的地区。

（4）装饰：梁式桥和拱桥装饰较少；廊桥集廊、楼、亭、殿、阁和造桥技术为一体，廊屋檐牙高喙、钩心斗角、天花龙凤、中梁八卦、雕梁画栋、五彩缤纷。桥身或单孔或多孔横跨，缺月欲圆，既美观实用，又富有民族特色。整座廊桥如长虹卧波，又似蛟龙出水，与周围的山水构成一幅优美的画卷，宛如入蓬莱仙境。

（5）成因分析：古代人们为解决山地河流之间形成的天然障碍，受天然生成类似桥的拱形地形的启示，在水上或空中架设便于通行的建筑物，便于交通方便。咸宁是低山丘陵区，溶蚀地貌典型，各种坡、岭、滩、冲、垄、畈等微域地形和剥蚀地貌交叉出现，加上陆水、蟠河、汀泗河等河流水系发达，河流、湖泊密布，交通不便。明清时期，咸宁成为我国绿茶故乡，其中羊楼洞所产的松峰绿茶，驰名中外。清朝中叶，羊楼洞绿茶开始行销欧洲，并形成由羊楼洞经汉口、河南、河北、内蒙古、蒙古、俄国再至欧洲的国际贸易"茶叶之路"。这条"茶叶之路"兴盛300多年。羊楼洞位于湘鄂赣三界交界的幕阜山脉西北麓，又居于长江南岸，是天然水陆交通节点，历史上有"茶去如流水，银来如堆山"的说法。由于赤壁茶叶贸易的需要，湖北崇阳、通城、湖南安化、临湘和江西等地区的茶叶便纷纷运往羊楼洞，经简单加工后，然后外销。由于这里山峦起伏、丘陵参差、沟壑纵横，有大小泉系30余处。"群峰岈崿，众壑奔流"（清·康熙《蒲圻县志》）为方便茶农出行和四邻八乡茶叶运输，赤壁及咸宁地区建有大量的桥，素有"千桥之乡"的美誉。

（6）比较/演变：古桥由简陋到成熟，先有梁桥、浮桥，后有索桥，拱桥和廊桥最晚出现。

（7）代表建筑：

① 赤壁万安桥

万安桥位于新店镇石板街西南，与湖南临湘隔河相望，又名过河桥。万安桥建于清末。南北向跨新店河。九孔石梁桥，长68米，宽1.2米。明清时期湖南省的茶叶就是经此运到赤壁。有趣的是此桥近年维修后，桥上栏杆，湖北这一半都已恢复，而湖南那一半却没有，难道湖南人就不怕掉到河里吗！真正的原因是湖北这边是镇，湖南那边只是一个村，财力不一样（图2-135）。

② 咸宁刘家桥

刘家桥位于咸宁市白沙乡刘家桥村，建于明崇祯三年（1630年），迄今380多年。刘家桥是座独孔拱形石廊桥，长20米，一孔跨径10米，宽5米，高5米。桥前有条石铺成的台阶九级，桥上廊亭，二坡水屋面，青瓦盖顶，廊亭用青砖建起两米高的方孔花格护栏墙，内置长凳，为行人歇脚运茶之用（图2-136）。

③ 咸宁汀泗桥

汀泗桥建于南宋淳佑七年（1247年），明嘉靖二十六年（1547年）重修，2010年大修。三孔石拱桥，长32米，高6.5米，中孔跨径9米，两侧孔跨径7米（图2-137、图2-138）。相传明代有个名叫丁四的乡民，住在河边，靠打草鞋为生。每当老人小孩过不了河，便主动背他们过河。若遇洪水，人们则望河兴叹。丁四暗下决心要筹资建桥，于是省吃俭用，把卖草鞋的钱积蓄起来，50年后终于把桥修建了起来。为了纪念丁四，村民便把这座桥称为汀泗桥。汀泗桥位于武昌以南，为兵家必争之地。1926年8月，国民革命军北伐。军阀吴佩孚溃退汀泗桥，凭

险据守。北伐军久攻不下。叶挺独立团采取包抄战术，浴血奋战，一举攻克汀泗桥，击败吴佩孚主力，打响了"汀泗桥战役"的全面胜利，从此汀泗桥名扬天下。

④ 咸安龙潭桥

龙潭桥位于咸安区浮山办事处淦水河上。龙潭桥前身名叫小龙潭桥，因桥建在淦水河一处深潭（小龙潭）边上而得名，后简称龙潭桥。龙潭桥建于清同治五年（1866年），民国十七年重修。龙潭桥为4墩5孔，桥洞拱形，桥墩梭状，为方形石块砌成。桥长70米，宽5.5米，高3.5米，桥面均为长形青石板铺成（图2-139）。

⑤ 咸安白沙桥

白沙桥位于咸安区白沙乡，石拱桥，建于明正德十二年（1517年），据记载：弘治中白沙寺僧清理慕建。清嘉庆二十四年（公元1819年）修建下游一百米处堰坝，清咸丰七年（1857年）重修。桥长34米，宽5米，3孔跨径10米，桥上建有二坡水凉亭、七开间砖柱，临水两边建有护栏（图2-140）。

⑥ 咸安万寿桥

万寿桥位于咸安区桂花镇万寿桥村与石鼓山村间的白沙河上，建于清道光二十六年（1846年），三孔石拱桥，长32.4米，宽4.8米，高6米。桥上建有廊亭，两侧为门廊，左右对称，共有20间亭廊。桥面由青石板铺成，东西桥头建有拱形门，门廊与廊亭为青砖砌成，廊内以木条为凳，供来往行人歇息，屋面盖小青瓦（图2-141、图2-142）。桥梁上题有"道光贰拾陆年建修"铭文。

⑦ 咸安高桥

高桥位于咸安区高桥镇内，建于乾隆三十八年（1773年），同治十一年（1872年）重修，2009年修缮。高桥为五孔石拱桥，桥长58米，桥宽5米，高6米，桥上建有廊式凉亭，南、北两桥头建有高4.5米、宽5米、厚0.8米的垂头山墙（图2-143、图2-144）。

图2-135　赤壁万安桥

图2-136 咸宁刘家桥

图2-137　咸宁汀泗桥

二、湖北汉族传统民居类型

图2-138　咸宁汀泗桥

图2-139　咸安龙潭桥

图2-140 咸安白沙桥

图2-141　咸安万寿桥

图2-142　咸安万寿桥

图2-143　咸安高桥

图2-144 咸安高桥

三、湖北少数民族传统民居类型

1. 吊脚楼

吊脚楼又称干阑民居，具有悠久的历史。据《旧唐书》载："土气多瘴疠，山有毒草及沙蛩蝮蛇，人并楼居，登梯而上，是为干阑"。土家族吊脚楼讲究风水，注重龙脉、信仰人神共居。从某种意义来说吊脚楼使人、建筑与自然浑然一体，"天人合一"。土家吊脚楼多为木质结构，清代雍正以前，土司王严禁土民住宅盖瓦，只许盖杉树皮、茅草，俗称"只许买马，不准盖瓦"。清雍正十三年"改土归流"，废除土司制度，实行流官制。土家人才可以盖瓦。吊脚楼一般为横排四扇三间，三柱六骑或五柱六骑，中间为堂屋，供历代祖先神龛，是家族祭祀的核心。根据地形，吊脚楼有单吊、双吊、四合水、平地起吊等形式，或称"一头吊"、"钥匙头"、"双头吊"或"撮箕口"、临水吊、跨峡过洞吊，富足人家雕梁画栋，檐角高翘，石级盘绕，有空中楼阁的诗画之意境。

（1）**分布**：主要分布在鄂西少数民族居住地区和峡江地区。

（2）**形制**：吊脚楼是我国南方一种古老的建筑形式，其特点是底层架起悬空，形状如空中楼阁。我省峡江地区和鄂西山区少数民族，特别是土家族普遍采用这种建筑。在鄂西武陵山区，坡陡谷深、"地无寻丈之平"，没有可供建房的平地。土家族为适合这里的独特地形地貌，采取了顺着坡势取平修建正房，其他厢房等建筑采取吊角悬空取平的方式建房，厢房与正房呈直角相连，卯榫连接。

（3）**建造**：吊脚楼修建时只平整正房及厢房相接的屋基，其余三面悬空。吊脚楼多为三层：底层有柱无壁，主要拴养牲畜、堆放杂物，或安设厕所；二层为正房、书房、闺房；三层堆放粮食。吊脚楼的建造大至分以下几个步骤：第一步备齐木料，土家人称"伐青山"，一般选椿树或紫树，取其吉祥的寓意，意指春山常在，子孙兴旺；第二步是加工梁架，称为"架大码"，并在梁上画上八卦、太极图、荷花、莲籽等图案，意为岁岁太平，多子多福；第三道工序叫"排扇"，即把加工好的梁柱接上榫头，连接成排架；第四步是"竖柱立屋"，第五步是钉椽角、盖瓦、装板壁。富裕人家还要在屋顶上装饰飞檐，在廊洞下雕龙画凤，装饰雕花围栏。

（4）**装饰**：装饰手法多样. 一般家庭门窗有古朴的木雕、大户人家还有精美石雕和砖雕。装饰内容为本民族的历史、神话传说以及图腾纹样。典型装饰有：木栏上雕饰"回"、"喜"、"万"字格及凹字纹等图案；制作装饰性的美人靠；吊脚楼翼角角梁常雕成龙头；龛子向外突出部分由挑柱支撑，挑柱头通常雕成精美的金瓜形状；门的装饰有木板镶拼雕花门，也有细木榫接格栅门；窗户的装饰有龙凤蝙蝠、万字福字、吉祥如意等窗棂；屋顶多为小青瓦，脊顶饰以青瓦或白石灰压顶，中间有"钱纹"脊饰，翼角有变形"鱼纹"。

（5）成因分析：湖北地区吊脚楼多分布于鄂西及峡江山地地区，该地区多雨潮湿，虫兽鼠蚁为患严重，故山民将居所架起，一则通风防潮，二则可防山洪、野兽和虫蛇的侵袭；又因居住在山林地带，周围多山地和树木，取材方便，因而决定了吊脚楼以木材为建筑原料，依山势吊脚取平，修建住宅。

（6）比较/演变：吊脚楼与其他传统民居相比，最基本的特点是正屋建在实地上，厢房除一边靠在实地和正房相连，其余三边皆悬空，靠柱子支撑。

（7）代表建筑：

① 彭家寨吊脚楼群

彭家寨位于恩施州宣恩县沙道沟镇，为湖南永顺、保靖土司的后裔彭姓土家族聚居地。寨内吊脚楼共40余栋，每栋自成体系，沿山分三个坡面展开，每栋面积百余至几百平方米不等（图2-145、图2-146），一般以一明两暗三开间作正屋，结构形式为三柱五骑或五柱八骑；以龛子屋作厢房。厢房吊脚；台阶、院坝、道路铺青石板。有的厢房用上下两层龛子相围，形成三层空间：上层储藏；中层为生活起居（其中吊脚部分作姑娘的闺房或儿媳妇的卧房）；下层用于圈养牲畜和存放杂物。吊脚楼单体建筑为穿斗式构架，上覆布瓦、下垫基石，中间由骑、柱、梁、枋组成木构架。以柱梁承重，将柱和骑柱用枋纵向"串联"组成，柱间装木质板壁。为扩大室内空间，在建筑手法上采用减柱法，用骑柱承托梁枋，像伞一样。屋面在正屋与横屋交接处做成龙脊，将屋面雨水进行分合处理。环绕厢房三面做成檐廊（龛子）。堂屋的后板壁上设神龛，前置供桌，供烧香拜祖祈求神灵之用。大门多为六合门，以堂屋为中心，两边房间前半部是火塘屋，后半部用板壁装出一间作卧室，一般由父母居住。前壁开门与火塘屋相通，后壁开门通于室外，正中开窗。火塘屋的楼枕上做有上下楼的出入口，前壁设窗户，左右两壁前端两门对应，一是堂屋的侧门，另一门通往厨房，后门与卧室相连，屋内设火塘。

彭家寨前有开阔的农田和一条小溪。前面溪上架有一座百年历史的伞把柱风雨桥，一条40余米长的铁索将寨子与外界相连（图2-147）。

② 巴东县楠木园乡万明兴老屋

万明兴老屋位于长江巫峡楠木园，清代吊脚楼式建筑（图2-148）。建筑依山就势，前有庭院，建有门楼，主体建筑平面成"L"形，前部为吊脚楼，建筑面积440平方米。大木为穿斗式构架，上覆布瓦、下垫基石，中间由骑、柱、梁、枋组成木构架。柱间装木质板壁。建筑构架上富于变化。堂屋外廊下的檐枋、撑栱、栏杆、骑马雀替和飞罩，屋内的隔扇、门窗与梁枋等，均有镂空浮雕和圆雕。题材内容为花卉植物、龙凤虎豹、万字福字、吉祥如意等纹样，造型生动，手法古朴。万明兴及其父辈为农户兼商贩，其房为前店后寝，明间为厅，东西两次间为商铺，于前檐设柜台。

图2-145　彭家寨吊脚楼群

图2-146　彭家寨吊脚楼群

图2-147 彭家寨吊脚楼群

图2-148 万明兴老屋

③ 二官寨吊脚楼

二官寨位于恩施市西南陲盛家坝乡，这里平均海拔在1000米以上。盛家坝是施黔大道要津，紧临利川、咸丰，有两条入川盐道经过，邻近小溪。大约在明代，这里就已经开始较大规模的改山造田，清代更是拓垦耕地，形成了以种养为主的农耕文明。二官寨群山环抱，建筑依山傍水，以干阑式吊脚楼为主，寨子中建鼓楼，溪河边建风雨桥，房前屋后栽竹种树。

二官寨吊脚楼有双吊、单吊、"一"字形、撮箕口、亮柱子等多种样式，比较典型的是中坝大院子吊脚楼，大院子原有三进，第二进的厅屋已毁，现存朝门和堂屋。朝门是现存最早的建筑，大门口的石级阶梯、石条门坎保存完整，建筑风格为"八字形"，挑檐有斗拱，各有一对雕饰的木鱼和凤凰衬托着前伸的挑枋，以承接瓦檐。院内右侧一栋四间特色鲜明的转角吊脚楼，楼上还保存有一间"火铺"，火塘、壁柜、住房等布局完整（图2-149、图2-150）。

图2-149　二官寨吊脚楼

图2-150　二官寨吊脚楼

2. 寨堡

寨堡是封建社会为躲避战乱而修筑的一种具有军事防御性质的建筑，包括山寨、关隘等多种类型，通常是由官府倡导、民间响应，以崇山峻岭和高山深壑为屏障，修建寨墙、住宅和堡垒。

（1）分布：主要分布在鄂西北和鄂东北山区。

（2）形制：平面布局依山就势，寨堡内为石垒的住宅，外围建有修建寨墙、烽火台和寨门。为增强防御性，通常寨堡与寨堡相连，以烽火台为对外联系平台，以烽烟为号。

（3）建造：寨堡选址在沟壑纵横的崇山峻岭间，按防御的要求，以深壑为屏障修建寨墙、烽火台和寨门。寨堡中间修建住宅，皆就地取材，以较大的石头垒筑；寨门，寨墙均建有瞭望孔和射击孔；寨堡内有多处石头围砌的水井或水池；为了防御风险，寨堡建有后门，以便撤退之用。

（4）装饰：用巨石垒建于孤峰危岩之顶，凌空高耸，势如悬寨。关卡、寨门、战壕、兵居、箭垛、烽火台、瞭望孔齐全，结构厚重。且寨寨相望，栈道互通。整个建筑借山势用地形，与自然高度融合，"虽由人造，宛若天成"，具有一种自然、淳朴、厚重的大美。

（5）成因分析：湖北历史上曾发生过绿林赤眉起义，红巾起义；同时李自成起义军，太平天国起义军也长期在湖北活动，特别是民间的土匪数量更多。为抵御匪患，历史上地方政府多次号召和组织各地修建寨堡，以保一方平安。

（6）比较/演变：寨堡是一种古老的建筑形制，由于封建社会战乱、匪患、兵灾频繁，每个时期地方政府为了防御和剿灭土匪，确保平安，呼吁当地山民筑寨自保，或加固和扩建旧有的山寨，故而形成了不同形态和特征。

（7）代表建筑：

① 南漳春秋寨堡

春秋寨又称"邓家寨"，位于南漳县东巩镇北13公里处，是邓家一个名叫邓九公的祖先为防匪患带人修建的。因传说三国时关羽曾在此夜读《春秋》，故名春秋寨。山寨建在一座呈南北走向的山脊，远远望去，宛如一段长城横亘于山顶。一条河绕山而流，使这座山东、西、北三面环水，犹如一个半岛，只留下南面与陆地接壤（图2-151～图2-153）。山的西面是斧削一般的悬崖绝壁，垂直入河中，形成一道天然屏障。山寨沿这个东西窄南北长的山脊呈"一字形"布局，南北长1200米，东西宽20米至40米不等。山寨有南、北两个门，东西两面寨墙直接依绝壁而建，全部由山上的片石砌成，厚度40~60厘米（图2-154、图2-155）。有敌来犯时，只要派人扼守住南门和北门两个进口，便可一夫当关，万夫莫开。进入山寨，山脊上建有南北两排共150多间石屋，中间为街巷式通道，高高的炮台、瞭望台煞是森严。石屋均由大小石块依山势垒砌而成，有个别石屋则利用山上自然生长的巨石或当墙或当门。站在西面寨墙上往下看，近百米高的石崖犹如刀削斧劈，令人不寒而栗（图2-156、图2-157）。

② 夷陵晓峰寨堡

晓峰寨堡位于宜昌三峡夷陵的崇山峻岭中，现已发现100多座用巨石垒建于孤峰危岩之顶的寨堡，寨堡居峰占险，凌空高耸，一条栈道相通，烽烟互见，鼓角相闻，形成一条气势恢宏的寨堡群。晓峰寨堡由大小不等的石块砌筑而成。由高大的寨墙、瓮城、居所、巡逻道、战壕、瞭望孔、箭垛、烽火台组成，功能齐全，结构厚重而精巧（图2-158～图2-164）。站在烽火台上，上下几十里的山形地势可尽收眼底，无论是举旗还是烽烟，均可前后呼应。寨墙上建有踏步，可以自由通行，以利射箭或投石。兵寨的结构充分体现了冷兵器时代的战争特征。透过寨堡瞭望孔，对面的栈道和兵寨也历历在目。寨堡的大容量、高难度说明了寨堡群的修建是大规模的社会行为，对于研究古代战争具有重要的军事价值。

图2-151 南漳春秋寨堡

图2-152 南漳春秋寨堡

图2-153　春秋寨堡进寨通道

图2-154　春秋寨堡寨门

图2-155　春秋寨堡寨门

图2-156　春秋寨堡墙体

图2-157　南漳春秋寨堡

图2-158　夷陵晓峰寨堡

图2-159　晓峰寨堡外景

图2-160　晓峰寨堡

图2-161　夷陵晓峰寨堡

图2-162　晓峰寨堡寨门

图2-163　晓峰寨堡内景

图2-164 晓峰杨岭头寨

3. 土司城堡

土司制度是元明清中央王朝与地方各民族统治阶级互相联合、斗争的一种妥协形式。在土司统治下，土地和人民归土司世袭所有，行政上听从中央王朝调动。土司城堡是土司政权的中心，集行政、防御、居所等功能为一体。

（1）分布：主要分布鄂西土家族居住地区。

（2）形制：多是利用险峻的自然环境，修建城池和城堡。城内建有土王衙署、军帅府、官堂、营房、殿堂等，另外建有街、巷、院等民居群。

（3）建造：城堡就地取材为大石垒筑；衙署等土司使用的建筑为砖木结构和石木结构；民居为土木结构或砖木结构。土家族工匠建造。

（4）装饰：土司城堡在建造方式上深受汉文化的影响，城墙的建筑方式大多仿长城的模式，占峰据险。土司衙署、官寨、牌坊也仿照汉族同类建筑修建。其建筑造型和装饰也和汉族类似，不同的是纹饰的内涵具有鲜明的土家族特点。

（5）成因分析：元明清三朝，中央政府推行"以夷制夷"的政策，在少数民族地区实行"土司"制度。由土司代行中央管理属地土民。由此，土司形成自己的势力范围，为了防止外部势力的吞并，土司修建有各自的城堡。土司城堡是13世纪~20世纪初土司制度代表性产物。

（6）比较/演变：明洪武二十三年（1390年）明王朝为加强对土司的控制，改施州卫军民指挥使司，以管辖控制诸土司。同时又实行大土司管辖小土司的隶属关系。势力大的土司人多势众，往往选择在背靠大山的台地上修筑土司城堡；势力小的则选择在山势险要的崮地山头修建土司城堡。

（7）代表建筑：

① 鱼木寨土司城堡

鱼木寨位于利川市谋道乡。该寨属谭姓龙渊安抚土司。鱼木寨位于一座海拔1300余米的高山上，地势险要，明洪武二年至清雍正十三年（1369—1735年）一直为土司城堡，据清同治五年（1866年）《万县志》载："鱼木寨山高峻，四周壁立，广约十里，形如鼗鼓，从鼓柄入寨门，其径险仄"。该寨悬崖三迭，关卡雄峙，形如鼗鼓，唯一石板古道从"鼓柄"进入寨内（图2-165～图2-167）。进寨门为一段悬崖脊背，长约50米，宽不足2米，左右两侧悬崖高百余米，恰如鼗鼓之柄，在鼓柄与鼓面结合处，依地势建寨楼一座，平面呈梯形，前端面阔4.6米，后端阔8.1米，高6.4米，进深5.1米，两侧墙脚据险与崖沿靠齐。寨楼前、左、右三方条石砌筑墙壁，两排9个射击孔（图2-168）。门额横刻"鱼木寨"三字。关卡雄奇，道路险仄，"悬崖脊上建寨楼，一夫把关鬼神愁"；寨内保存有土家古寨，人口约400来人，民风古朴，有良田百余亩；特别是寨内墓葬碑雕规模宏大，精美绝伦。鱼木寨四周悬崖三迭，为保寨顶安全，还在寨东青岗和寨西垛各建石寨楼一座和石墙；在三阳关还建有一座卡门（图2-169、图2-170）。出寨有两条石级陡窄道路，其中亮梯子和手扒岩，堪称天险：亮梯子修建在绝壁上（图2-171、图2-172），共28级，每级用长约1.5米，宽约40厘米的石板，一头插入岩壁，一头悬空，每两级亮开，脚下是万丈深谷；手扒岩笔直挖凿于寨西北太平岩上，共32步，每步宽约50厘米，穴深不足20厘米，形如新月，岩陡苔滑，十分危险。冷兵器时代，流寇盗匪至此，寨楼立即吹响牛角，放三眼炮为号，关闭山门，固若金汤。鱼木寨是一个与外界接触较少的少数民族自然村落，有"世外桃源，天下第一土家山寨"之美誉（图2-173～图2-178）。

② 咸丰土司城

该土司城位于咸丰县的玄武山下，始建于元至正六年（1346年），迄今600余年。元代对汉族实行的是民族歧视和民族压迫政策，中央政府对湘、鄂僻壤鞭长莫及，遂在这些地方设立"土王代管"政策。覃氏先祖覃启处为第一代土王，授宣慰使司。至明代，覃姓势力愈大，开始大规模营建城池，并接受朝廷调遣，配合讨伐小股匪贼。天启三年（1623年），族长覃鼎因征渝有功，升任宣抚使司，行参将事，赐建大坊平西将军帅府，建功德牌坊一座，明熹宗朱由校亲

图2-165　鱼木寨

图2-166　鱼木寨

图2-167　鱼木寨入口

图2-168　鱼木寨门楼防护孔

图2-169　鱼木寨三阳关

图2-170　鱼木寨三阳关　　　　　　　　　　　图2-171　鱼木寨亮梯子

图2-172　鱼木寨亮梯子

图2-173　土司住宅

图2-174　土司住宅

图2-175　鱼木寨民居

图2-176　鱼木寨内良田

图2-177　鱼木寨四周悬岩绝壁，寨内良田百亩

图2-178　鱼木寨上山小道

159

笔题写"荆南雄镇，楚蜀屏翰"匾额。朝廷还在唐崖司设立西坪司和菖蒲司，作为唐崖长官司的左右二司。此时覃鼎实际统治着鄂西南、渝东几千平方公里的地方，成为恩施十八土司之首。清初，朝廷对土司继续采用安抚政策，唐崖长官司得以保存。雍正十三年（1735年），清政府实行改土归流，历时元、明、清三代的唐崖长官司被废除。最后一代土司覃光烈自杀谢祖。历时529年，传十八代的土司制度由此消亡。唐崖土司城，规模宏大，是楚蜀边区的政治、经济、文化中心。史料记载：土司城建有3街18巷36院，占地100余公顷，俗称"皇城"。土司城现存有土司城址、土司官寨、土司衙署建筑群、土司庄园、土司家族墓葬群等，内涵包括鼎盛时期的唐崖"帅府"，3街、18巷、36院，衙署、牢房、御花园、书院、石牌坊、石马、石人以及土司城外大填寺、玄武庙、桓侯庙等寺院遗址（图2-179～图2-184）。

③大水井土司城

大水井土司城位于恩施州利川市柏杨镇水井村阎王三片的半山腰上，元、明属龙潭安抚土司辖区，是黄姓土司的城堡。"阎王三片"山西南高东北低，土司城堡平面略呈长方形，坐西南朝东北，东西长120米，南北宽90米，宗祠西南方是一壁用巨大条石纵联砌成的保坎，高约9米。城堡左、右、后三方长400米、高8米、厚3米的护墙。墙上梯石依山势逐级拔高，每梯皆为整块石，重约千斤。城堡依次建有堞垛，堞垛上布设枪眼、炮孔100个。城堡四角炮楼突兀。整个城堡全部巨大条石纵联砌成，非常坚固。由远远望去，俨然一座古老的城堡巍然矗立于莽莽大山之中，显得格外森严（图2-185～图2-196）。

图2-179　咸丰土司城荆南雄镇坊

图2-180　咸丰土司城石人石马

图2-181　咸丰土司城石人石马

图2-182　咸丰土司王坟

图2-183　土司城堡田夫人牌坊

图2-184　咸丰土司王坟
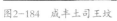

图2-185　利川大水井土司城堡

图2-186　城堡内李氏宗祠

图2-187　李氏宗祠前殿和中殿

图2-188　城堡外墙向外凸出，易守难攻

图2-189　城堡内侧蹬道堞垛

图2-190　望华门

图2-191　望华门内枪眼

图2-192　李氏宗祠水井夹墙

图2-193　大水井龙桥刑场

图2-194　大水井龙桥刑场　　　　图2-195　大水井李氏宗祠　　　　图2-196　大水井李氏宗祠

特别指出的是：城堡在砌筑上十分独特，外墙顺地势蜿蜒，内墙设石坎顺地势抬高。为了防止有人从外城翻越偷袭，外城在7米的高度向外凸出0.5米，堞垛朝外悬出，使偷袭者向上攀爬时，脚下失去支撑，从而无法翻越；同时又方便城内守卫家丁可以从容向外出击。设计十分科学。

清乾隆年间，湖南人李廷龙、李廷凤西迁，李廷龙落业利川大水井，李廷凤落业奉节马鞍山。李廷龙用武力将黄土司赶出城堡。李氏先后已历廷、祖、远、胜、先六代，共有70多人考取秀才，10余人廪生，举人1人，进士1人。官绅迭出，田连阡陌，大兴土木，屋宇连栋，练兵造枪，称霸一方。

城堡内西南方为园林及黄土司墓地约10000平方米；东北方为李氏祠堂。李氏祠堂占地面积15000平方米，是李氏家族处理宗族事务的地方，祠堂主体三殿四厢，中轴线上三个大殿排列有序，硬山式屋面，两侧封火山墙。东、西两侧各建有一组"四水归池"的厢房，这种水池不仅能蓄水养鱼，以供观赏；更重要的是可以解决危难之时的水源。厢房东为"居之安"，西为"平为福"。建筑形式均为穿斗式结构，小青瓦顶。"平为福"内设有讲礼堂，是裁决生死的"审判厅"，门前有巨石铺就的"过失桥"，桥上建廊，凡违

犯李氏族规的，跪在此"桥上"聆听"讲礼"，等待判决。城堡东西各有一座城门，西门为望华门，又名生门；东门为承恩门，亦称死门。判生则从"望华门"放归；如若从"承恩门"出去，则意味着"死刑"，押至龙桥河从悬崖推下100多米深的崖谷摔死。龙桥是一座天然岩桥，横跨于天堑之上，桥头绝壁如削，桥高百丈，桥下流水湍急，轰轰然只闻其声，不见其流。

4. 亭子屋

亭子屋为吊脚楼民居的一种建筑形式，即在吊脚楼民居中立起一座两、三层的亭子，又名"冲天楼"，是土家族和苗族富裕家庭的一种象征。

（1）**分布**：主要分布在恩施土家族苗族自治州。

（2）**形制**：亭子屋为传统砖木结构，按照前堂后厅规制建造。前屋为堂屋，后屋为厅堂。堂屋和厅堂左右侧有厢房，围合成院落。亭子屋檐多采用歇山或庑殿顶。堂屋和厅堂之间有天井，天井中间建一亭子，称为"抱亭"。亭子屋多为穿抬混用梁架结构，屋檐出挑深远，有大挑、板凳挑等多种形式；亭子一般为二至三层，屋面盖小布瓦；院落采用砖石，地平为"瓦灰地平"。

（3）建造：土家族和苗族的营建亭子屋时，有复杂的仪式，从定基、定向到取材、上梁和落成都要请各种匠师来主持仪式。大体建造过程为：动土、加工梁架、合并排扇、最后是"竖柱立屋"，即主人选好黄道吉日，在亲朋好友的欢庆和祝福中竖起屋架。

（4）装饰：土家族和苗族的亭子屋装饰十分讲究，有木雕和石雕，木雕主要集中在梁架的跨空枋，题材为戏曲人物故事；石雕集中在台基、柱础、栏杆、望柱等部位，题材有二十四孝故事和戏曲唱本。雕琢细腻生动，造型严谨精湛；特别是台阶的中心石采用线雕、浅浮雕、高浮雕、和镂空的手法，雕刻有"双龙戏珠"，镂空层次多达五层，错落有致，层次分明，玲珑剔透，栩栩如生，显示了土家族和苗族人民的聪明智慧。

（5）成因分析：土家族和苗族民间风俗有"五楼一桥"之说，即转角楼、冲天楼、望月楼、跑马楼、吊脚和凉亭桥。冲天楼就是亭子屋。亭子采用原木材料，使用传统技法，运用抬梁穿斗等技术，以榫卯连接成方形亭式。建造活动有选址、择日、备料、编梁、上梁、置瓦、祭祀等程序。

（6）比较/演变：土家族亭子屋与苗族的亭子屋在建筑形制、材料和建造方法上没有大的区别，在使用上有不同的观念：土家族亭子屋是一种标志，有炫耀财富、增添气势和避暑纳凉的作用；苗族亭子屋则是集族会聚之所，遇有重大议事，亭子屋则为族长、执年密谈之所。

（7）代表建筑：

① 向家亭子屋

向家亭子屋位于建始县景阳镇革坦坝村，为土家族向氏住宅中的抱亭。建于清雍正十三年（1735年），当地人称为"庄屋"。亭子屋形制为围合院落中建有一座三层檐的亭子（图2-197～图2-202）。亭子高12米，由四根木柱支撑着，穿斗结构，四角起翘。亭子屋是土家人财富的象征，土家民居随着

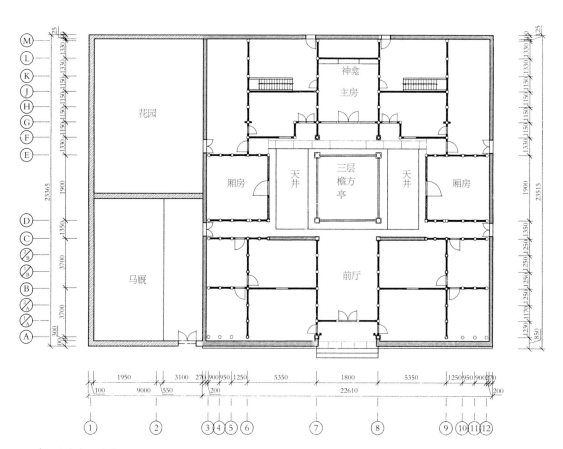

图2-197　建始向家亭子屋平面

图2-198　建始向家亭子屋

图2-199　建始向家亭子屋

图2-200　建始向家亭子屋

图2-201　亭子屋柱顶石

图2-202　建始向家亭子屋

财富的增加，建筑由一字型逐步扩展为钥匙头、撮箕口、窨子屋，再到亭子屋，体现了财富与建筑之间的互动。亭子屋的主人发家致富，在建筑中建一座冲天楼，除了炫耀财富和增添气势外；还有透光纳凉，吸气排浊的功能。

② 严家祠堂亭子屋

严家祠堂亭子屋坐落在咸丰县尖山乡大水坪村，为苗族严氏家族的宗祠（图2-203～图2-207）。300多年前，严氏先人严启智从贵州迁到咸丰，定居大水坪。光绪元年（1875年），严氏七千余族人为祭祀祖先，修建严家祠堂。祠堂建筑面积740平方米，建筑分为门厅、亭院和祖宗殿三部分。门厅为本族人聚会之所；门厅后为由方形天井和亭子组成的亭院，天井中央有一个六菱形的放生池，水池外壁刻有"家训十六条"碑文。紧邻天井建有两层亭子，通高11米。亭子制作十分精巧。上槛做有鹤颈翻轩。两侧跨空枋上雕有人物故事。亭子是供族长、执年议事之用。遇有重大议事，为保密起见，族长、执年用一架楼梯爬上亭子的二楼，然后将楼梯抽上去，其他人无法入内，显示出族长的权威和神秘。亭子台基为青石雕成，左右两边分别为"狮子滚绣球"、"狮子戏仔图"。底座刻有"孟钟哭竹"、"单刀赴会"、"辕门斩子"等戏文故事；亭子后为祖宗殿，殿中设严氏祖宗牌位座龛，上悬"敬宗收族"匾额，左右各立石碑二块，刻有"族规"、"戒规"等，字迹工整，刻工精湛。

图2-203　咸丰严家祠堂亭子屋

图2-204 咸丰严家祠堂亭子屋

图2-205 咸丰严家祠堂亭子屋

图2-206 严家祠堂亭子屋木雕

图2-207 严家祠堂亭子屋石雕

5. 神龛屋

神龛屋是土家族人神共居的一种建筑，是土家族祖先崇拜、"天人合一"信仰的产物，其形式是死去的先人和其子孙共同生活在一个空间中，这种建筑大多为死者生前建造。

（1）分布：主要分布在恩施土家族苗族自治州土家族人居住的村寨。

（2）形制：神龛屋有两种；一种是将墓直接建在自家堂屋中，生者与死者共处一屋，建筑规模较小；另一种是将住宅和墓建并列修在一起，建筑规模较大。

（3）建造：为死者生前建造，多是利用原有住房进行修建和改造。经济条件差的人家，直接在住房堂屋中修建墓地（寿居），建筑规模较小；经济条件好的人家，则在原有住房的旁边另建神龛屋，建筑规模较大，十分豪华。

（4）装饰：神龛屋装饰性充满着土家族的生活伦理。装饰有"自在宫"和"逍遥厅"，还有"迎亲图"和"荣归图"等都是主人生前最荣耀的生活写照。还

有各种象征家族兴旺、多子多孙的装饰图案和构件，将土家族文化最核心的"视死如生"的理念置于人们举目可见的范围之内，乘纹饰以游心。雕刻技法有阴刻、浮雕、圆雕和镂雕。造型注重内在精神刻划，善于塑造典型的生活环境。

（5）成因分析：土家族神龛屋体现了土家人"事死如生"和"欢欢喜喜办丧事，热热闹闹陪亡人"的风俗。后裔子孙和死去的先人"生活"在一起，不仅是对死者的一种孝敬和尊重，而且还希望得到死者的保佑。

（6）比较/演变：土家族神龛屋和汉族墓葬形制不同，反映了土家族与汉族截然迥异的风俗习惯。汉族墓葬专门选择在远离住宅的风水宝地中，根据寻龙、查砂、点穴确定方位，选择吉日兴建。神龛屋则是根据土家族视死如生的民族传统和天人合一的风俗信仰，修建在原生活的区域内，不仅体现了对死者的孝敬，而且表现出承前启后的文化特征。

（7）代表建筑：

① 罗运章夫妇神龛屋

罗运章夫妇神龛屋（图2-208～图2-213）位于

图2-208　利川罗运章夫妇神龛屋

图2-209　利川罗运章夫妇神龛屋

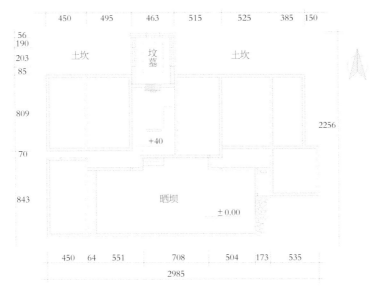

| 450 | 495 | 463 | 515 | 525 | 385 | 150 |

土坟   坟墓   土坟

+40

晒坝   ±0.00

56
190
203
85

809

70

843

2256

| 450 | 64 | 551 | 708 | 504 | 173 | 535 |
2985

图2-210　利川罗运章夫妇神龛屋平面图

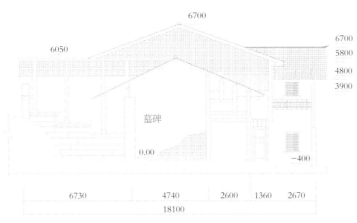

6700

6050

墓碑

0.00

6700
5800
4800
3900

-400

| 6730 | 4740 | 2600 | 1360 | 2670 |
18100

图2-211　利川罗运章夫妇神龛屋剖面图

图2-212　利川罗运章夫妇神龛屋

图2-213　利川罗运章夫妇神龛屋

三、湖北少数民族传统民居类型

利川长坪寨坝雀崖村。房主人罗运章是晚清秀才，1923年，他在住房的堂屋之中为自己修造坟墓，墓碑与堂屋的正壁合为一体，墓主名讳供于家中神龛，将祖先崇拜与神灵崇拜合二为一。六年后罗运章病逝，其后人将他葬入自己修建在住房的神龛屋中。堂屋后壁的正中赫然立着一块高约4米、宽约1.5米的墓碑，墓碑两侧分别立着的长约1.5米，高约0.5米的碑序石刻，整个墓碑就组成了堂屋的后壁。墓碑为当地的青绿砂石雕成，墓碑上没有镌刻墓的主人名字，而是镂空的金钱图案和一组栩栩如生的人物图案。墓碑的楹联是"死者可作言坊行表"、"先生之风山高水长"，横批是"遗爱堂"。墓碑后面还有一块墓碑。两块墓碑一样大小。第二块墓碑上阴刻着"罗公运章、罗母杜君寿藏"，以及"民国十八年吉日"的字样。墓地占地面积约40平方米。

②成永高夫妇神龛屋

成永高夫妇神龛屋（图2-214～图2-219）位于鱼木寨祠堂湾。成永高夫妇神龛屋与罗运章夫妇神龛屋不同，其"寿居"不是修建在堂屋内，而是紧贴住房修建。"寿居"建于清同治五年（1866年），为三门两院，面阔8.2米，进深11米，占地约100平方米。四周建护墙，后院起垛，依地势抬高。左右开侧门进入内院，左边半圆形门楼名"自在宫"，门楣浮雕"迎亲图"，是主人年轻时结婚的写照。门内额刻"千秋乐"，浮雕"双凤朝阳"；右门与左门对称，名"逍遥厅"，门楣浮雕"荣归图"，是主人生前最荣耀的生活场景，门内阴刻"万年芳"，浮雕凤凰牡丹及打虎图。整个石雕刻有花鸟人物90余幅。特别是人物雕刻十分精彩，雕出了6出戏剧故事中的500多个人物造像。据传，这些石雕由几十名工匠雕凿了三年，才得以完成。整个院落青石墁地，中间以石墙隔开，形成前庭后院，气派大方。后院正中建四柱三层碑楼，通高5.2米，面阔5.3米。底层镂空，刻墓主姓名、碑序、诗词等文字；碑的二层，刻忠孝故事；三层为四柱，三楼额刻"双寿居"，阳刻草书"福"、"寿"两字分列左右。主楼内额刻"藏寿"，两厢刻诗词及神人图案。后院两侧依护墙各立墓志一通，记叙成氏生平。左右两侧门紧贴成氏后人住宅，形成人神共居的神龛屋。

图2-214 成永高夫妇神龛屋

图2-215 成永高夫妇神龛屋

图2-216 成永高夫妇神龛屋

图2-217　成永高夫妇神龛屋

图2-218　成永高夫妇神龛屋

图2-219　成永高夫妇神龛屋

6. 石板屋

石板屋是鄂西山区一种山地建筑。特别是地少石多的地区，山民就地取材，用当地出产的板岩及页岩，经简易加工成为规则片状的石板，然后堆砌成石板屋。

（1）**分布**：主要分布在鄂西北和鄂西南自然环境中具有页岩和板岩的山区。

（2）**形制**：这是一种利用天然页岩和片石砌垒的房屋。大都依山而建，除去搁架是木头，基脚、墙体、屋顶盖、阶檐、灶台、水缸全部使用石头，屋顶也用石片叠落错屋覆盖。屋顶有硬山和歇山顶两种样式。这种石板结构的房屋造价低，结实耐用，冬暖夏凉，既实用又独具特色。

（3）**建造**：先是收集石板，一般用两种办法：一种是直接挖掘地下的页岩，由于地下水的作用，挖出的页岩呈片状，纤薄耐用，可直接使用；另一种办法是将裸露的页岩架柴燃烧，待烧到一定火候，再用冷水浇洒，使页岩发生热胀冷缩，脱离岩体而形成片状；然后将片石进行简单加工，用锤子将石片的锐角敲掉，或打制成合用的形状。建房的步骤是从基础垒砌、然后墙体，搁置檩架，最后盖石板屋面。整体布局依山势，层层叠叠，沿着山坡自下而上，布局井然有序。有的组成院落，石砌围墙，石拱门进出，具有鲜明山地特色。

（4）**装饰**：石板是非常传统的建筑材料，是由板岩或叫页岩手工劈开加工而成。由于石板有天然的节理，裂开后可形成不同厚度的板材，具备了建筑材料加工容易的特点，受到当地老百姓的欢迎；另外石板为质密、健康的岩石，有优良的强度和耐久性，建造者可以根据石板的厚度修建自己喜欢的房子。石板屋以均匀粗糙的外形，呈现出一种古朴的美。

（5）**成因分析**：石板屋所处地区多为沟壑纵横之地，交通不便使当地农民就地取材，利用石板建屋。

（6）**比较/演变**：石板屋使用的页岩，含钙较高，这种石板长期暴露在阳光下，颜色开始发黑，质地越来越坚硬，有利于长时期保存。另外石板屋冬暖夏凉，适合于山区白天热，晚上冷的气候。

（7）**代表建筑**：

① 乌鸦坝村石板屋

恩施州红土乡乌鸦坝村，这里石多土少，交通不便，土家人利用这里的石头盖屋建房，形成了特色的石板屋文化。由一块块石板盖起来的屋顶，层层叠叠，规则不一，却又相依成形。大石板顶着大石板，小石板填塞着小石缝，石板和石板相互支撑、交叉，远远望去，似片片鳞甲（图2-220、图2-221）。清杜受田《石板屋》："鳞次任参差，排栉同修缮。仰屋何必嗟，补天不须炼。树覆疑苔痕，泉流因雨溅。美利诚自然，华屋岂足羡"。写出了石板屋不是同寻常的朴实之美（图2-222、图2-223）。这种石板屋冬暖夏凉，防风抗冻，不会漏雨。

② 黑山石板屋

利川团堡阳河黑山是山大人少的高寒山区，交通不便。从20世纪80年代便陆续有人向外搬迁，现在生活在这里的多数为土家族老人。黑山石板屋（图2-224~图2-227）大多是石墙石瓦，就是吊脚楼屋顶也用石瓦，既防晒隔热，又经久耐用。石板瓦是一种传统建筑材料，由板岩或页岩手工劈开加工而成，与其他石料最大的区别是石板瓦有天然的节理，使其更容易沿一个方向裂开，并形成4~12毫米不等厚度的板材。屋面外形可以是平整的，也可以是均匀粗糙的。石板瓦含钙率分为低钙、中钙、高钙三种，在暴露状态下会越来越坚硬粗糙，颜色普遍为黑色和灰色，使用寿命可达100年左右。

图2-220　乌家坝村石板屋

图2-221　乌家坝村石板屋

图2-222　乌家坝村石板屋

图2-223　乌家坝村石板屋

图2-224　黑山石板屋

图2-225 黑山石板屋

图2-226 黑山石板屋

图2-227 黑山石板屋

7. 摆手堂

土家族用于祭祀祖先和跳摆手舞的舞堂。土家民族发祥于长阳武落钟离山，古称巴人。巴人的领袖为廪君，后迁至施南（今恩施州）、湘西（现湘西州）、渝水（今重庆市）和贵州省境内等地。据《来凤县志》、《永顺县志》、《龙山县志》等志书记载，恩施来凤、宣恩，湘西永顺、龙山等县，在土家族聚居的村寨，都建有摆手堂。每逢春节，土家人不分男女老幼，身穿节日盛装，聚集摆手堂前，在梯玛或掌坛师的引导下，跳起摆手舞，唱起摆手歌。也有在三月或五月举行，又称"三月堂"、"五月堂"。还有个别地方在二月社日举行，称为"社巴巴"。

（1）**分布**：主要分布在湖北恩施来凤、宣恩土家族聚居的村寨。

（2）**形制**：位于村寨南边的坡地上，占地几百余平方米，呈长方形，周围圈以山石砌筑院墙，大门位于舞堂中间，大门后是舞场，舞场后中神堂，神堂平面为长方形，两坡水硬山式小青瓦盖顶。

（3）**建造**：摆手堂一般由大门、舞场、神堂和四周的院墙组成。大门和四周的院墙为石结构，大门常做成双柱石牌坊；舞场是利用台地经过夯打而成；神堂为两坡水硬山式平房，面阔三、五、七间不等。

（4）**装饰**：呈牌坊状大门，两立柱和横楣皆为长柱形条石，在立柱与横楣接榫处，左右各镶半月形石牙一块。祖堂明间檐柱上常装饰有双龙，堂内供奉土家先祖廪君、彭公爵主、向老官人和田好汉神像，雕刻古朴厚重。

（5）**成因分析**：土家族是一个崇拜祖先信仰多神的民族。土家人聚居的村寨都建有供奉廪君的神堂。据《长阳县志》载："向王庙，在高尖子下，庙供廪君神象。廪君世为巴人，立者特务相为寰贵之主，有功于民，故今施南、归巴、长阳等处视而祝之，世俗相沿。但呼为向王天子"。随着社会的发展，土家人为了凝聚族亲，每逢年节和丰收，便在神堂向祖先跳舞欢庆和祈祷，逐渐形成摆手舞和摆手堂。

（6）**比较/演变**：古代巴人在作战之前喜欢跳巴渝舞（一种战斗舞），当巴人由渔猎时期发展到家耕定居后，巴渝舞加进了一些农耕畜养动作，演变为后来的摆手舞，并沿袭至今。摆手堂既是土家族人跳摆手舞欢庆节日和祈祷丰收的舞场，更是土家族人团结族亲共同奋斗的场所。

（7）**代表建筑**：

① 来凤县舍米湖摆手堂

舍米湖摆手堂位于来凤县百福司镇河东乡土家山寨，建于清顺治八年（1651年），是土家族最古老的舞堂，也是中国现存最早的摆手堂之一；为渝东、湘西、鄂西土家族摆手舞的发祥地，因而被誉为"神州第一摆手堂"（图2-228、图2-229）。舍米湖摆手堂，周围种植有五株高大古柏，环境幽静。神堂面阔三间，硬山式两坡水屋面，盖小布瓦，墙壁用石块砌成，穿斗式木构架。明间檐柱上雕有盘龙，显得神秘厚重，神堂内供奉土家先祖廪君、彭公爵主、向老官人和田好汉神像。每年新春佳节，土家人披红戴绿，男女老少来到摆手堂，场内古柏树上张灯结彩，土家人手牵手在锣鼓声中，唱着摆手歌围绕跳舞，通宵达旦（图2-230、图2-231）。清咸丰年间陈秉钧《题土王词》一诗："五代兵残铜柱冷，百蛮风古洞民多。而今野庙年年赛，里巷犹传摆手歌。"同治年间彭施锋诗："福石（百福司）城中锦作窝，土王宫畔水生波。红灯万点人千叠，一片缠绵摆手歌。"皆道出了摆手舞的规模和热闹的场面。

② 小鸡公岭摆手堂

小鸡公岭摆手堂位于来凤县百福司镇小鸡公山山岭上，建于清嘉庆二十年（1815年），面积为500平方米，房屋长12米，宽4.4米，三开间，四周以片石砌墙，中为两列木柱。房内存有三个石垒供台，高1.1米，宽0.8米，另有石凿香炉，大门以凿砌条石框成（图2-232～图2-235）。房前为一平地，长30米，宽15米，围墙以石砌筑，现存部分高1.3米，房屋前墙上存有清嘉庆二十年冬修建摆手堂时的记事碑一通。

图2-228　舍米湖摆手堂

图2-229　舍米湖摆手堂

图2-230　摆手舞

图2-231　摆手舞

图2-232　小鸡公岭摆手堂

图2-233　小鸡公岭摆手堂

三、湖北少数民族传统民居类型

179

图2-234 小鸡公岭摆手堂

图2-235 小鸡公岭摆手堂

8. 寿藏

土家族崇尚灵魂不灭的观念，拜祖如神，神人合一。土家族的正屋为三间，中间的称"堂屋"，是"神间"供奉祖先神龛；两边的是"人间"，供人居住。土家人死后，大多埋葬在房前屋后，或直接埋在堂屋中，并把坟墓建成与生前居住的庭院一样宏伟壮观。土家人还认为吉壤裕后，葬地的好坏，直接关系到后代人的通达寿夭、贫富吉凶。所谓"尊灵双福居吉地，佑后人文万代兴"、"龙真穴正千秋吉，水秀山明百世昌"。因此土家人生前都要请风水先生为自己选择墓地，称为"生基"，并倾力集资在"生基"建造亭台楼阁，死后归葬便称为"寿藏"。这种墓葬建筑使子孙祭奠祖先不再是流于表面的一种形式，而有着实实在在的内容。

（1）分布：主要分布在恩施土家族苗族自治州土家族人居住的村寨。

（2）形制：为土家族的一种"阴宅"，即墓地上修建有豪华的亭台楼阁，生屋死墓。

（3）建造：寿藏多为石雕亭台楼阁，由于土家族大多汉化，建筑形制与汉民族一样，土家族能工巧匠较多，寿藏做得非常精美。

（4）装饰：墓饰建筑石雕楼阁，柱、枋上遍布浮雕与镂雕，内容为福寿吉祥、凤鸟瑞兽、戏文人物、八卦和博古图案等；楼阁上楹联题刻繁多，内容为儒家孝道伦理和风水吉语，雕刻古朴厚重。

（5）成因分析：土家族人视死如视生，认为死是生的另一种存在形式，死去的祖先还能保佑自己，因此将祖先的坟墓埋在自己的生活区域内，并根据自己的财力尽可能将坟墓修建得宏伟，虽阴阳有别，而同为居所。

（6）比较/演变：明代以前，土家族人有火葬、悬棺葬、船棺葬的习俗。后来，受汉族影响，改为土葬，程序分为入殓、葬礼、送葬、安葬、葬后事等部分，并仿照汉族墓葬建筑的形制，在墓地修建具有土家族特色的豪华的墓葬建筑，即寿藏。

（7）代表建筑：

① 向梓寿藏

向梓寿藏位于利川鱼木寨松树湾。寿藏主人向梓家族是鱼木寨谭、向、成、邓四大姓之一。清代后期，向氏家境富裕，儿子向霖斋入国子监，正五品教谕，向氏父因子贵，获赐九品封典，一时权贵。同治三年（1865年），向梓开始为自己及妻子阎氏营造寿藏，据《向梓墓志》"自己丑秋兴工，丙寅夏竖立，丁卯岁完竣，计年三载，计工八千余零"，同治六年（1867年）落成。寿藏造型独特，既有汉族的亭阁和抱厦，又有土家族的卷棚披檐。

向梓寿藏为六柱三楼抱厦式石雕，高5米，宽4米（图2-236）。主楼一层两厢房四柱三间，前有抱厦与主楼二层相连，抱厦两抱柱与碑楼三层组成神龛。一楼下层，中间为拱门，门内侧分别刻有"茶婆婆"和"男执事"高浮雕（图2-237、图2-238）。楼侧两厢，立墓主人墓志铭一通。四柱前后楷书楹联："数声蛙鼓传江岸，万点莹灯绕夜台"、"大地有灵鹤起舞，遥天无极雁归来"；"鱼日常醒临吉壤，螺峰层出拥佳城"、"千秋功名承雨露，一声啸傲寄烟霞"。抱厦两柱楹联："秋信渐高红树老，日光忽暮白云封"（图2-239）。抱厦顶板上刻有凤首龙身交织的"福"，周边阳刻八卦纹样及博古图案（图2-240、图2-241）。碑楼前两柱刻楹联："溪号大龙彼是当年发迹地，寨名鱼木此为异日返魂乡"；第二层浮雕带，刻有"八仙过海"、"三阳开泰"以及二十四孝中"卧冰求鲤"、"孟宗哭竹"等故事；中间嵌刻"皇恩宠锡"匾额，边饰双龙戏珠透雕。两侧厢房为卷棚顶盖筒瓦，檐下两扇形匾，书"只

图2-236　向梓寿藏

图2-237　向梓寿藏拱门

图2-238　"茶婆婆"和"男执事"高浮雕

图2-239　抱厦楹联

图2-240　抱厦浮雕

图2-241 抱厦顶板

在此山"、"其生也荣";背面书"今年花似去年好,去年人,今春老"、"桃花流水杳然影,有天地,非人间";三层龛楣刻满人物故事及花卉图案,龛顶方形,抬梁翘檐,楼顶高托印绶。寿藏深刻反映了土家族人"重生乐死"的民风,石雕造型精美,巧夺天工;楹联出自川东文人之手,写景抒情,意境深远。

　　②"向母阎孺人墓"寿藏

　　"向母阎孺人墓"寿藏(图2-242)与向梓寿藏同时建造。寿藏造型奇特:为一碑一坊组合,碑为立柱;坊为四柱三楼石坊,碑柱与石坊相距约3米。

　　碑柱通高2.5米,由四层石构件组成:一层为方形立柱,正面阴刻楷书"向母阎孺人墓"(图2-243)。二层是边长0.4米的立方形灯笼罩,四角镂空内呈圆柱,左右刻福、寿二字,中透雕"一团和气"的大阿福(图2-244)。三层为覆莲座,边饰波浪纹。第四层为金瓜鼓,鼓上托圆宝珠,宝珠四方分别削平成圆面,内刻十字纹花瓣。

　　石牌坊高5.8米,宽4米。明间两柱拱形门,额枋底部刻有八卦,内为"寿"字。左右有圆雕卷毛狮子(图2-245)。门柱内左为烟童,右为茶婆(图2-246),是主人生前土家族生活的反映。柱上楹联前为"信灵山之有主"、"结水月而为邻";后为"象服端凝膺钜典"、"龙章涣汗播徽音"。四周有牡丹花边纹饰。两厢立墓主人墓志铭碑,碑文记载墓主人生平。上部刻蝙蝠书"福(蝠)自天来"。二层为高浮雕,分别为"双龙戏珠"、"双凤朝阳",两边为"打虎救父","八仙过海","父王访贤",侧面有"负米养亲","三阳开泰"等。两厢门楣上有"秦雪梅教子""安安送米"等川戏。上有三块大匾:中间镂空精雕匾额书"人杰地灵",左右扇面匾书"砂明"和"水

图2-242 向母阎孺人墓

图2-243 向母阎孺人墓碑

图2-244 向母阎孺人墓牌石雕

图2-245　石坊额枋底部刻有八卦"寿"和"双狮"图

图2-246　石坊门柱内左为烟童，右为茶婆

秀"，两边浮雕人物故事，有的头戴官帽，身穿官服、手拿如意，有的手持破扇、褛衣踢脚，还有佛教和道教人物。第三层前后缕空透雕竖匾，前书"皇恩宠锡"，后书"诰封"，周边饰奇花异草。二层和三层屋面有飞檐，四角浮雕怒目吞口，碑顶为山形"笔架"，中间镂刻案桌，上有圆盘，装有祀奉的动物贡品。

　　向氏石牌坊最醒目的是中枋三层额间红砂底上"诰封"和二层"人杰地灵"，昭示着向氏不同凡响的显贵（图2-247）。因儿子向霖斋，品学兼优，授例入国子监五品官职。向梓夫妻因此受朝廷"膺彤廷宠锡"，赐赠向梓"九品封典"，阎氏也得"诰封"。据《向母阎君碑铭志》记载："甲子冬，寿增七旬，庆祝之余，受奉命营寿藏，复详请封典，俾得其视其盛"，一时名重土家山寨。

图2-247　向母阎孺人墓石牌坊

9. 风雨桥

恩施土家族苗族自治州喀斯特地貌十分发育，奇山峻岭与河谷暗流交错。特别是溶洞、溶沟、伏流分布广泛。武陵山、巫山、大娄山、大巴山，四大山脉穿越其境，长江从恩施州东北角穿过，清江等数百条河流横贯东西，小高原、小盆地镶嵌在崇山峻岭之间，有"八山半水分半田"之说。这里居住着土家、苗、汉、侗等27个民族，为解决交通问题，各族人民修建了各具特色的桥。其中大部分为风雨桥，亦有少量的拱桥和石板桥。

（1）**分布**：主要分布在恩施地区各市县。

（2）**形制**：风雨桥桥上建有长廊，可遮阳避雨、供人休憩。拱桥及石板桥形制与汉族同类桥形制类似。

（3）**建造**：风雨桥从结构上看大致可分为三大部分：桥下部分是3排粗大的木柱悬挑，或青石垒砌而成的桥墩。中间部分为木质桥面，采用粗大、笔直的木柱进行悬托支梁体系，四周设有宽大、结实的木凳，可供游客休息。桥的顶部采用榫卯连结，将亭、廊结为一体，层次分明，造型典雅。拱桥、石板桥的做法与汉族同类桥做法相同。

（4）**装饰**：整座桥楼用木料凿榫卯接。木柱上还雕画有精美的民风民俗画图，桥的两边每边建有条形坐凳，凳背安装内弧形栏杆美人靠坐凳，既挡住空隙，避免小孩玩耍而发生安全事故，又能与檐边的木格相映相衬，典雅大气。桥楼仍以亭台模式建造，单檐和双檐相间，楼顶为小青瓦盖顶，飞檐灵动，翘角欲飞。整座桥无论近看远观，都给人一种气势恢宏、流畅灵动的印象。拱桥、石板桥没有装饰。

（5）**成因分析**：恩施州少数民族都住在山上，为解决山地河流之间形成的天然障碍，受天然生成的类似桥的拱形地形的启示，在水上或两山之间架设风雨桥，便于交通方便。

（6）**比较/演变**：由简陋梁桥、浮桥，逐步发展为石板桥、拱桥和风雨桥。

（7）**代表建筑**：

① 咸丰十字路风雨桥

十字路风雨桥位于咸丰县丁寨乡十字集镇，建于民国5年（1916年），由原清朝议大夫秦朝昌捐造，全长44.6米，宽4.5米，通高8.8米，三孔菱形桥墩，每孔净跨10米，桥廊12间，廊中顶突出一亭，檐角高翘，玲珑有致。凉桥顶上的中间有两把剑，两边是两条龙，下面有一个木雕罗汉。桥上亭廊相连，重檐叠瓦，桥面设置栏杆坐凳，行人遮风避雨歇息乘凉，称"土家风雨凉桥"（图2-248）。

图2-248 咸丰十字路风雨桥

② 巴东无源洞石桥

无源洞石桥位于巴东信陵镇东绝壁夹峙的溪涧，明弘治初年（1488年）向友仙建。所用石料无打凿痕迹，全部为天然石块，跨洞作拱，无灰浆衔接，桥上设护栏，桥下飞瀑叠泉、林木苍翠、鸟鸣花香，宛如人间仙境（图2-249）。无源洞石桥北，有一巨石，上刻"灵山圣境"四字（图2-250）。石刻边原建有亭榭、楼阁的观音阁；左侧有无源溪和无源洞，洞边岩壁有《重建无源洞观音阁记》摩崖题刻，巴东教渝惠荣的七绝《无源洞》诗："洞号无源却有源，一溪流出自云根。个中别有居民在，犹胜出宠公隐鹿门"，后人曾在无源洞峡谷江边建起八卦亭。

图2-249　巴东无源洞石桥

图2-250　无源洞石桥旁"灵山圣境"石刻

③ 利川永顺桥

永顺桥为一风雨桥，位于利川县毛坝乡花板村与石板村交界处的山弯河上，建于清嘉庆十三年（1808年）。桥全长32.5米，宽4米，桥身距河面40米，采取复拱式方法建造，桥上16根柱头排列开来，主架有52根柱头。该桥结构严谨，凿榫衔接，造型古朴，极具土家族特色（图2-251）。桥上建有廊和坐凳，既可行人，又可避风雨。原桥碑上刻有"降之百祥"、"永顺桥"题刻和修建时间以及发起人和捐款者名单。永顺桥是毛坝连接恩施盛家坝、茶塘等地的交通要道。

④ 建始县普济桥

普济桥位于建始县野三河道，清道光十七年（1837年）修施宜大道时，恩施生员康先之捐资修建，又名康家桥。普济桥为单拱券顶石拱桥，桥长33.7米，宽6.55米，桥面距河面约高14米。该桥高大宏伟，从西北至东南向横跨野三河，桥东南端有石阶30级，每级长同桥宽，宽0.36厘米，高17厘米不等，西北端有石阶17级，每级石阶做法与东南端相同（图2-252、图2-253）。桥拱顶内中悬挂有约1米长的镇妖铁剑。

图2-251 永顺风雨桥

图2-252 建始县普济桥

普济桥以当地青石为建筑材料，糯米、石灰、桐油为砂浆，十分坚固。这里巉岩峭壁，天小若盘，倒峡飞泉，河悬如链，自古是恩施古代商道、盐道和古官道的必经之地。

⑤利川市磨刀溪二河口天缘桥

天缘桥位于利川市磨刀溪与四川万县凤仪二河口交界处，建于明末清初。天缘桥以滚落溪河中的巨石作为桥墩，东西两头分别用大石板架空，形成二道平桥，设计十分精巧（图2-254）。桥东是湖北利川市，桥北是四川万县凤仪，桥两头分别建有的石板路，是鄂渝边境历史上的重要通衢"茶马古道"。

图2-253　建始县普济桥

图2-254　利川天缘桥

191

第三章　湖北传统民居建造智慧

一、建筑材料的选择与加工

湖北传统民居的建筑材料主要有砖、瓦、石灰、石材、木材等。

砖瓦主要由黄土烧制。所谓"秦砖汉瓦"，是对中国早期古建筑的一种概念性的描述。其实砖瓦在湖北的烧制要比"秦砖汉瓦"早得多，2006年，考古专家在湖南省澧县北城头山遗址发现了约6400年前烧成的砖瓦，这也是世界上最古老的砖瓦（图3-1）。澧县北部与湖北松滋县、公安县相连，有"一足立三县"之称。春秋战国时期湖南属楚国辖地，澧县宋代隶属荆湖北路。元代隶属湖广行省江南北道。换句话说，湖南省澧县发现的砖瓦就是古代楚国烧制的砖瓦。还可以说澧县砖瓦的发现不是一个偶然现象，应该是澧县、松滋县、公安县这一带普通生产砖瓦的反映。

砖作为建筑的基座和围护结构，瓦作为遮掩风雨屋面材料，砖瓦在建筑中的作用非常重要。砖瓦耐腐蚀，特别适宜于南方潮湿的气候环境，多用于建筑室外的部分。古人对砖瓦材料的选择非常科学，砖瓦制造时采用陶土，即取水中沉泥作为原料进行加工，不仅坚固耐用，而且细密度很高，分量很重，故秦砖又有"铅砖"之称。汉初，萧何主持都城长安建设，所用砖瓦都是由经过澄洗的细泥制成，并掺有少许金属在内，质地细密，声音清悦，质量非常好。

湖北民居所使用的砖瓦十分讲究，一般要经过取土、粉碎、过筛、合泥、制坯、阴干、入窑、烧制和转锈等九道工序。取土，烧砖用的土壤取自地表下二尺深的土壤，这层土壤的颜色略深于地表土，这种土壤没有植物的根系和种子，柔和而有黏性，是烧制砖瓦的上等材料。粉碎和过筛，挖掘出来的黏土，

图3-1　澧县城头山遗址出土6400年前的砖瓦

图3-2 明清砖瓦窑

要经过露天堆积，日晒雨淋，使其内部分解松化，再经过人工粉碎、过筛，除去杂质，留下细密的纯土。合泥，将纯土加水滋润，用牛进行踩踏，使其变成稠泥，然后人力翻泥反复和炼，使稠泥更黏更细，这一工序对砖的质量起重要作用。制坯，将泥土翻填进木制坯模中，压实后，用铁线弓刮去多余的泥，形成砖坯。制坯之前，要在木模下的地下洒一层细沙，以防泥与地面黏连。阴干，脱模后的砖坯要放置阴凉处风干，以防砖坯变形和出现裂纹。入窑，砖坯干燥后，便可入窑，入窑坯体码放非常科学，砖与砖之间要留有一定空隙，以便窑火烧制时每一块坯体的温度相同，以保证每块砖质量。烧制，一般的砖瓦使用松木作燃料，而密实度高的滤浆砖瓦则用麦草、松枝等慢慢缓烧；经十数天的烧制，坯体基本已被烧结，这时如慢慢熄火，外界空气进入窑内，砖瓦坯冷却后则显现红色（红砖、红瓦）。青砖青瓦则要在窑内转锈，转锈即转青。方法是用泥土封住窑顶透气孔，减少空气进入，使窑内温度转入还原气氛，这样，坯体的红色高阶铁氧化物被还原为青灰色的低价铁氧化物，坯体烧结后，为了防止坯体内的低价铁重新被氧化，在密封的窑顶揭开一个洞，把水注进去，水在汽化的过程中，吸收窑内热量，窑内坯体在这一冷却的过程中

继续保持着还原气氛，直到完全冷却后出窑，这个过程是砖瓦转青最重要的环节，由黄土变成青砖、青瓦的过程就完成了（图3-2）。

石灰是民居建筑的黏合剂。石灰的主要来源是含碳酸钙的天然岩石。在适当温度下煅烧，石灰石排除和分解二氧化碳后，所得的是以氧化钙为主要成分的生石灰。传统的石灰生产是将石灰石与燃料（木材）分层铺放，用火煅烧一周即可（图3-3）。生石灰吸潮或加水就成为熟石灰，它的主要成分是氢氧化钙。熟石灰可调配成石灰浆、石灰膏、石灰砂浆等建筑黏合剂。

湖北山地较多，石材是建筑常用的材料。传统开采石材的方法一般有：凿眼劈裂法、火烧法。荒料开采大致分以下几工序：① 盖层剥离，是将盖在石矿上的浮土采用人工剥离的方法除去，以利于矿石开采。② 分离，采用人工凿眼劈裂方法使条形块石与原岩分离。人工劈裂法是以传统的人工凿眼、打楔手工劈裂。③ 顶翻，采用人工用铁钎撬起将块石翻倒，以利将其切割分离。④ 解体分割，是将条状块石按所需的规模分割毛荒料或荒料。解体分割的方法主要使用的是人工打楔、凿眼劈裂。⑤ 整形，是将荒料毛坯经过加工形成符合规模的成品。整形的方法有手工锤打和錾凿的方法。

图3-3　石灰窑

图3-4　人工采石场

　　石材场地的选择分为露天开采和洞采。露天开采石材时，通常把被开的山体划分成一定厚度的水平分层，自上而下逐层开采。有两个以上的水平分层同时开采时，上、下分层之间保持一定的距离，在空间上形成台阶状，主要防止石材在生产过程中可能发生的工伤事故（图3-4）。如武当山南岩宫采石场，它的台阶状作业面非常明显，可以供多人同时施工，而不会互相影响。洞采即巷道开采，是直接在岩体上打洞开采。这种方法不但可以省去人工剥离的程序，而且在石材未被空气氧化前开采更容易，特别是丹霞石在氧化后非常坚硬，不容易加工。如宜昌百宝寨就是直接在岩体上打洞开采，特别有智慧的是这些采洞的面积控制得十分科学，一般进深为5至10米，面阔则根据作业面的需要大多在50米以内，并且每隔5至8米都留有1米左右厚的石墙以支撑岩体，这种面积的控制，不仅方便石料

图3-5　木材泡水处理

的运输，而且避免意外的发生。

　　湖北传统民居以木结构为主要结构体系，对木材的选择、开采与处理也有着特别智慧。木材是天然的暖性有机材料，性能稳定，外观朴实，具有良好的触觉效果，深受人们的喜爱。木质所具有的自然韵味及天然香气，是其他材料难以取代的。用木材建造的民居，使人感到亲切放松和自然。但是木材的种类很多，性能不一，必须要按照建筑不同需要选择树种。湖北民居常用的木材，树种分为针叶树和阔叶树两大类。民居梁架结构主要选择针叶树木材，如松、柏、云杉、冷杉等，优点是树干通直而高大，质地轻软而易于加工，胀缩变形较小，比较耐腐蚀；缺点是硬度较低，树脂较多，容易生虫。民居中的门窗装修主要选择阔叶树木材，常用的有檀木、香杉、橡木、枫木、水曲柳等，这类木材的特点树杆直，不容易变形，加工方便。梁柱的连接采用榫卯方式，接头处用木销子锁固，无任何金属件，形成一种高次超静定结构体系。这种民居具有施工简易、工期短、冬暖夏凉、抗震性能好等优点。

　　传统建筑中大木结构所使用的木材必须进行处理，如果不进行处理，木材在干燥的过程中，则会霉变、开裂、变形和糟朽，最后导致民居建筑坍塌。对木材的处理湖北人有着特别的智慧。

　　木材的化学成分主要是纤维素、木质粉和树脂等，其中树脂是引起虫蛀和糟朽的主要原因。湖北是一个蛀虫和白蚁危害十分严重的地区，木结构建筑每年因蛀虫和白蚁所造成的损失不可估量。所以木材要运用到建筑中，在使用之前，必须要对木材中的树脂进行处理。大家知道，古代皇家大型工程的木材是直接派人进山砍伐，然后经水路运输到达目的地。如明永乐十年朱棣下旨派30万军民工匠大修武当山皇家庙观，并将四川的木材运往武当山，是时长江上游流放的豫树、章树将江水都堵截阻塞。明王世贞《武当歌》有云："少府如流下白撰，蜀江截流排豫章"。水上放排是古代常用的一种运输木材的方式，木材在水中少则十几天，多则几个月，木材中的树脂就会被水融解，并着水流的冲刷逐渐消失。但是这种脱脂的场地和条件，民间无法满足。用水浸泡脱脂的办法，民间则完全可以做到，于是湖北人就利用住地四周的水塘，将木材泡在水塘中，为了使树脂更快脱出，泡前剥去树皮，以利木材在浸泡的过程中树脂更快脱出（图3-5）。这种脱脂的方法江汉平原非常普遍。脱脂后的木材，不但不容易变形，而且没有虫蛀。

　　湖北民居墙体的主要形式分为二种：一种是实心墙，即全部使用砖砌筑；另一种是外砖内土混合砌墙，墙体在砌法上由两部分组成，墙身下阶为实砌，下阶之上的墙身则采用灌斗墙，即墙体外侧使用了整砖，墙体内部多以碎砖拌三合土填充。这种做法节省了砖的用量，既经济实用又美观大方。由于墙体较厚，一般为0.5米厚，增加了墙体的整体性，砌筑时每隔1米左右都要砌一层丁砖对内外进行拉结。3米以上则采取"蚂蟥攀"的方法用铁丝拉定（两边为"一"或"十"字形薄铁中间用铁丝拉结，图3-6）。湖北地区夏热冬寒，灌斗墙厚重的墙体和围护结构具有很好的保温隔热效果，既能满足冬季保温的要求，又能兼顾夏季隔热的要求。

　　湖北传统民居结构形式大多是两边为封火墙中间为两坡水的硬山建筑。封火墙又称风火墙、防火墙。封火墙的产生源于防火需要，民居建筑使用的材料主要是木材，木材易燃，发生火灾时大火常常顺着柱子自下而上地蔓延，受火面很容易扩展。民居以家为单位，以围墙相连建造封火墙，能有效地防止火灾蔓延。封火墙不仅能防火、防盗而且具有抗暴风雨的功能，在很大程度上可缓解和抵御向上的风力，对屋面小瓦件有着很好保护作用；同时民居的封火山墙对建筑的外观影响很大，跌落的封火山墙与环境中起伏的山脉相映衬，使平淡的民居组成起伏有致气氛强烈群体效果，建筑群与自然环境更加紧密联系在一起。封火墙的美观实用成为南方民居中普遍使用的建筑形式，由于封火墙外形十分美观，在长期使用过程中，各地对封火

图3-6　十堰大川乡民居墙面"蚂蟥攀"

图3-7　安徽"五岳朝天"封火山墙　　　　　图3-8　岭南锅耳式封火山墙

图3-9　岭南锅耳式封火山墙　　　　　　　图3-10　岭南镬耳封火山墙

墙赋予独特的思想理念，形成了各具形状的封火山墙。如安徽的"五岳朝天"封火山墙（图3-7），岭南的是镬耳封火山墙（图3-8～图3-10），福建民居的马鞍形封火墙（图3-11），潮汕地区的"金、木、水、火、土"装饰的五行镬耳封火山墙（图3-12），台湾的火形封火山墙等（图3-13）。湖北民居的封火墙别具一格，其造型为"凤飞龙舞"脊饰（图3-14～图3-16）。有关"凤飞龙舞"脊饰的形成和美学内涵，后文有详细论述，这里不赘述。

湖北民居木构架一般采用穿斗木构架和抬梁式构架混合使用的方式：明间用抬梁式构架；次间用穿斗木构架。抬梁式是在立柱上架梁，梁上又抬梁，也称叠梁式。这种构架的特点是在柱顶或柱网上的水平铺作层上，沿房屋进深方向架数层叠架的梁，梁逐层缩短，层间垫短柱，最上层梁中柱或三角撑，形成三角形屋架。从架步上看，常见的有三架梁、五架梁、七架梁。其中三架梁还细分小三架、大三架，五架梁中还细分小五架、大五架，七架梁不但细分小七架、大七架，还有朗七架之分，即比常规七架梁还要大些。相邻屋架间，在各层梁的两端和最上层梁中间小柱上架檩，檩间架椽，构成双坡顶房屋的空间骨架。房屋的屋面重量通过椽、檩、梁、柱传到基础，这种结构最大的优点是减少了地面的柱子，使下层空间更大，使用更自由。穿斗式木构架就是沿着房屋的进深方向立柱，柱直接承受檩的重量，不设架空的抬梁，柱的间距较密，用数层穿枋将各柱连结，组合成一组构架。也就是用较短的童柱与通柱拼合以穿枋结合，榫构梁架与屋顶，穿枋的数量在三道以上，形成纵向整体构架。柱脚处为连通的地脚枋，然后与柱子同置于通长的石连磉或基脚石上。穿斗式木构架具有用料经济、施工简易、维修方便的特点。抬梁式构架拓宽明间的使用空间，而穿斗木构架

图3-11 福建民居马鞍形封火墙

图3-12 潮汕地区"金、木、水、火、土"装饰的五行镬耳封火山墙

图3-13 台湾陈元帅祖庙火形封火山墙

图3-14 洪湖瞿家湾"凤飞龙舞"脊饰

图3-15　麻城县五老山帝王庙"凤飞龙舞"脊饰

图3-16　吴氏祠"凤飞龙舞"脊饰

使次间在结构上更加稳定，既经济合理又实用美观。

学术界一般认为南方建筑多用穿斗式、北方建筑多用抬梁式。由于湖北处于南北交汇的独特区位，湖北民居便巧妙利用这两种结构形式的优点混合使用，使民居的空间功能更加合理（图3-17~图3-21）。这种结构的民居在湖北江汉平原和鄂东南地区普遍存在。

另外，鄂东南和鄂东北传统民居还有一个特别的结构，即石柱础十分高大，而且形式较多，圆形、四方形、六菱形，不少石柱础依形雕琢成花瓶和吉祥如意的图案，非常典雅（图3-22）。有的石柱础上另加有一根石柱，或石础和石柱做在一起，更突出柱子的高大（图3-23）。这种石柱础不仅能避免潮湿气候对大木结构的侵蚀；而且挺拔雄伟，十分美观。

图3-17　大水井李氏庄园明间抬梁式、次间穿斗式木构架

图3-18　大水井李氏庄园抬梁式木构架

图3-20　大水井李氏庄园绣楼梁架

图3-19　大水井李氏庄园穿斗式和抬梁式木构架

图3-21　大水井李氏宗祠抬梁式木构架

图3-22　鄂南传统民宅石础

图3-23　阳新浮屠镇玉境村李氏宗祠石础及石柱

　　门窗是民居自然光的唯一来源，如同建筑的眼睛，没有门窗，建筑就会失去光明。

　　湖北传统民居对于门窗设置与安排十分科学，显示出一种高雅灵动，闲适从容，简约精致的特点：一是门窗设置与安排注重功能性和灵动性的有机融合，讲究人、自然和窗子的和谐交流，开门纳吉、临门迎宾，当窗如画、品茗吟诗；二是简而不陋，高雅明透，宽与窄、实与空的对立统一，有鲜明的节奏感；三是门窗装饰题材丰富，顾盼生辉，百看不厌，既是艺术技巧的展现，又是历史文化的传承。

　　湖北传统民居大门大致可分为四个等级：广亮大门、金柱大门、蛮子门、如意门。

　　广亮大门在等级上仅次于王府大门，是具有相当品级的官宦人家采用的宅门形式。特点是宅门有中柱，中柱上安装木制抱框，门扉位于中柱的位置，将门庑均分为二。门前有半间房的空间，房梁全部暴露在外，又称"广梁大门"（图3-24、图3-25）。

　　金柱大门与广亮大门的区别主要是门扉不是设在中柱之间，而是设在金柱之间。并由此得名。这个位置，比广亮大门的门扉向外推出了一步架，门前空间没有广亮大门那样宽绰（图3-26～图3-28）。

　　蛮子门是将槛框、余塞、门扉等安装在前檐檐柱间的一种宅门，门扉外不

图3-24　通城塘湖湖镇汪润田故居广亮大门

图3-25　通山江源村民居广亮大门

图3-26　通城县大垅村黄庭坚故居金柱门

图3-27　通山大夫第金柱门

图3-28　南漳县巡检镇甘溪村金柱门

留容身的空间。其木构架一般采取五檩硬山，平面有四根柱，宅门、山墙、墀头、戗檐处做有装饰（图3-29～图3-31）。

如意门是普通老百姓使用的大门，做法是在前檐柱间砌墙，在墙上居中部位留一个尺寸适中的门洞。门洞内安装门框、门槛、门扇等构件。门口上面的两个门簪常做出如意形状的花饰，以寓意吉祥如意，如意门名称由此而来（图3-32）。还有一些民居为了使大门更突出，在如意门外加上一个门罩，又称门

图3-29　英山安家新屋蛮子门

图3-30　南漳民居蛮子门

图3-31　阳新柯家老屋蛮子门

图3-32　通山宝石村民居如意门

脸。这种门脸大致有五种形式：一是如意门外罩一个石牌楼（图3-33）；二是罩一个半亭（图3-34）；三是如意门两边抱出一个墀头（图3-35）；四是如意门上边罩一个燕子楼（图3-36）；五是歪门斜道（图3-37），即如意门是正的，内门是歪门，这种歪门主要是对着门外的水口山，符合风水中的趋利避害。上述五种做法不仅遵循了封建等级，而且光耀门庭，使门脸更加壮观。

　　湖北传统民居的府第大门大多采用广亮大门和金柱大门。如通山县王明璠大夫第、阳新县陈光亨府第等，因为其建筑形制是围屋，大门的尺度要小一些；也有独立院落式，大门的形制与北方官宅相似。

　　一般民居大多采用蛮子门，所不同的是虽将槛框、余塞、门扉等安装在檐柱间，但檐柱挑出一步檐檩，门扉外仍留有一步之遥的容身的空间。这种做法既没有违反相关规定，又充分考虑到南方遮阳避雨的需要，充满了建筑智慧；还有种做法，外边是如意门，里面又做一个广亮门（图3-38），一般只开如意门，遇有重大事情和接待则打开广亮门；更巧妙的一种做法，里面是广亮门，外面直接将如意门抱出，两边做封火山墙，既不违背规定，又有气派（图3-39）。

　　另外，湖北传统民居大门还一种特别的形式：大门内套屏门。

　　这种做法与北方的大门在风水观念上有些类似，都是防止外来人对大门内部一览无余，不同的是北方大门后多为木板隔壁或照壁；湖北民居大门内套屏门，这种屏门是一种活动的槅门，一般为四扇，中间两扇门除逢年过节和重要客人来访外，不般不开启，平常只开两边侧门以供出入（图3-40～图3-43）。

　　这种屏门作为室内隔断，还设置在堂屋纵向后部的木板隔壁两侧，将堂屋隔开一分为二，以形成前大后小两个空间：外面是接待宾客；女眷和妇女则回避到屏门后边，内间有小门与左右侧室相通。遇有重大事情，眷属可以从屏门

图3-33 红安吴氏祠如意门

图3-34　南漳民居如意门

图3-35　黄陂大余湾民居如意门

图3-36　通山洪港江源村民居如意门

图3-37　罗田九资河镇新屋垸民居如意门

图3-38　宜昌南边古民居大门

图3-39　南漳县漫云村民居大门

图3-40 通山陆房民居屏门

图3-41 通山袁达宽屋屏门

图3-42 大水井李氏庄园屏门

缝中窥探前厅。特别是封建社会遇有儿女亲事，男女有别不能相见，女孩子常常躲在屏门后面偷看前来提亲的男孩。屏门有轴可以开闭和拆装，记录有顺序编号。这种屏门鄂东南地区的民居普遍使用。如阳新"半部世家"赵氏老屋，原是一家私塾，进大门仅一步之遥又设一道六扇屏门，中间四屏门书写诗文词赋，没有重要人物来访或重大节日，不得开启，两侧

屏门寻常时打开，以供出入，这样在入口处形成了一大二小三个门洞，不仅庄严肃穆，充满文化气氛；而且内外有别，孩儿在里面读书，不受干扰。

槅扇门是房屋外檐装修的门，又称为格子门。常用在一个房屋的明间和次间的开间上。可分为四扇、六扇，八扇，依开间大小而定（图3-44～图3-47）。大户人家常将几间房子都用作槅扇门，显得庄严美

图3-43　半部世家屏门

图3-46　大水井李氏庄园槅扇门

图3-44　秭归凤凰山民居槅扇门

图3-45　秭归凤凰山民居槅扇门

图3-47　大水井李氏庄园槅扇门

三、槅扇门、窗与装修设计

观。槅扇门由槅心、绦环板、裙板加上边框和抹头组成。按抹头的多少区分为三抹、四抹、五抹、六抹四种形式。抹头有着十分明显的时代特征：抹头越少，时代越早，抹头越多，时代越晚，这是由于人们对格扇门抹头的悬挑力学结构认识所至（抹头越少，槅扇门越容易变形）。槅扇门有良好的比例权衡和虚实关系，在尺度上能灵活调节。多开间的木构架房屋，明、次、梢各间的面阔宽窄不一，槅扇门在长度不变的情况下，适当调整门的宽度，以适应开间的这种变化；在明、次、梢各间开间宽窄变化差别悬殊时，还可以用不同的扇数来调节。如明间用6扇，次间用4扇。不仅方便，而且风格统一。如鄂西自治州土家族和苗族的吊脚楼，正房明间常装置6扇槅扇门，以显示正房的突出地位，其他各间槅扇门宽窄自由。

自古以来，"宅以门户为冠带"，槅扇门作为建筑形式美的注目所在，主要装饰部分多精雕细刻，雕刻有各种吉祥物和飞禽走兽，特别讲究的人家还雕刻历史人物典故的贴金像，神态逼真，美轮美奂。门形之美展示着造门者的智慧，也反映各个时代的审美情趣和理想追求，各民族槅扇门也是民族文化符号的承载体。

传统民居的窗子因通风和采光的需要，可分为长窗、槛窗、支摘窗与合窗等。一般用上好的杉木、柏木制作，槅心窗花雕刻十分精致，典型图案是吉祥类的福（蝙蝠）、禄（梅花鹿）、寿（麒麟）、喜（喜鹊），牡丹、兰花等。有的花窗上还贴有薄薄一层金箔以显示富贵。读书人家的裙板等处雕有诗词书画，信佛的人家门板上刻有"佛教八宝"、万字纹等图案，从门板上的槅花就可以判断出这家人的审美追求。

长窗形式一般是由竖向的边梃、横向的抹头组成框架。常见的为四抹头槅扇窗，从上而下依次为：边梃、绦环板、抹头、槅心、抹头、绦环板、边梃七个构件。绦环板常有浮雕；槅心为镂空花格和浮雕，明清时期，槅花上糊纸和半透明纸片，民国时期则用玻璃。长窗的用途是间隔内外，高度和门相类，安装在抱框中，有轴穿在上下两框的孔内。长窗开间数目多是偶数，通常为六。构成形式具有独特的装饰性，并采用象形、会意、谐音、借喻、比拟等手法，在装饰中创造出丰富多样的造型、图案和题材，寄托着幸福美好、富贵吉祥的寓意，丰富而洗练，朴实又高雅。槅花板按照木质可以分为楠木、樟木、柏木、黄杨、红木等，根据木质不同有不同的雕刻手法和表现形式，如圆雕、浮雕、线雕、透雕等。一般以人物、历史故事见长。长窗的组成为成双成对。一组长窗多时有十几对，可形成一套完美的装饰。经过雕刻的长窗还可以嵌入无色或有色的透明玻璃，既可避风透亮，又能审美怡情。长窗优点是开启面积大，密封性好，隔声、保温、抗渗性能优良。内开式长窗擦窗方便；外开式长窗开启时不占空间。

槛窗又称半窗，高度约为长窗的一半，由格心和上下抹头组成，槛窗的尺度和我们常见的现代窗子相似，槛窗一般用于面向天井和院子，与房屋门平行相连，上抵梁枋，下接槛墙。有固定的，也有可以推启或转开的。形制大体一致，两侧边梃，上下四抹头，抹头之间的绦环板和槏心组成（图3-48、图3-49）。

槅扇窗是厅堂的隔断装置，形同一把打开的折扇，作为厅堂的分割，在有大型活动时，为满足宴集、聚会的空间需要，可以拆装，十分方便；另外槅扇受气候影响木质材料会明显涨缩，如若用大块面地做出一个整体、不仅制作难度成倍加大，还会干裂或潮涨鼓破。用槅扇窗拼合设计原理非常科学（图3-50~图3-52）。

合窗就是大方窗，又称支摘窗，开窗方法为支起上窗摘下下窗，多数用于厢房（图3-53~图3-56）。

明清之际，门窗开始汲取家具制作不髹漆的方法，注重保持杉木或柏木等的天然纹理和自然色泽，仅在外面刷上一层桐油，使木雕门窗以天然木质纹理显露出其特有的装饰效果，产生粗与细、深与浅、刚与柔的对比与变化，各种平面图案通过木格纹理的相互交错展示出韵律感，体现出古朴淡雅沉稳的古典意味，构成了良好的人居环境；在空间装饰上门窗可作为隔断和装饰，在充分满足各自功能性的同时又为整个家居空间增添一抹浓郁的民族风情，以独特魅力的文化符号，演绎出古典文化的精髓。无论室内室外，只要门窗安排巧妙，便可观可赏，取得步移景换的效果。厅堂居室之内，雕花门窗与室内装饰、家具陈设相映成趣，恰到好处。雕花门窗还起到了精美画框的作用，将室外的美景嵌入画框中，透过镂花的门窗能够观赏庭院内的山光水色和竹影婆娑，信步于庭院院落又可透过花窗欣赏厅堂内精美的装饰。

图3-48 通山大夫第槛窗

图3-49　通山湄港村沈家大屋槛窗

图3-50　大冶市大箕铺镇水南湾民居槅扇窗

图3-51　利川大水井古建筑群槅扇窗

图3-52　大水井李氏宗祠槅扇窗

图3-53　大水井李氏宗祠合窗

图3-54　大水井李氏宗祠合窗

图3-55 大水井李氏宗祠合窗

图3-56 通山县宝石村民居合窗

雕饰的窗棂、镂空的扇，把室内外空间装点成了一幅幅立体的图画，使庭院和居室的空间似隔非隔，室内与室外的景致若隐若现，处在这样的环境氛围中，尽情地享受其间的意境，使生活理念、艺术追求与自然精神含蓄地融为一体。丰富多彩的传统木雕门窗装饰艺术，不仅能够给人以美的享受，构件所蕴含的美学意义，还反映出人们的生活情趣和艺术修养，渗透着典型"荆楚文化"的缩影。

四、天井通天接地独特功能

天井是湖北传统民居的标志性空间，主要功能是通风、采光和排水（图3-57）。

天井通风功能是充分利用空气动力学原理。大家知道，空气的流动规律是由密度大处流向密度小处。天井下面气温较低、密度较大，上面气温较高、密度较小，空气自然顺着往上流动，就形成了自然通风。相反，暖空气从地面进入，冷空气从空中跑掉，自动调节了气温，这种利用冷暖气流的互换保持室内宜人气温的方法十分科学。

湖北属于炎热地区，尤其是在江汉平原的湿热地区，有"火炉"之称。自然通风较之遮阳、隔热更为重要。天井院住宅利用室内外气流的交换，采取自然通风措施，不但可以降低室温和排除湿气（图3-58）；同时，房间有了新鲜空气流动，改善生活环境的空气质量。另外住宅大门常常做有屏门，在门后留有1米左右宽度的抽风小门或抽风口，以利于形成良好温柔的穿堂风。在店铺街屋中设有大小不等、形式各异的天井，或敞开临街面窗户。靠水面的住宅常正面朝街背面临水，利用水面徐徐清风改善通风条件。天井内的明塘、暗沟、小水池或大水缸等排水、蓄水系统，取用方便，调节了室内湿度和温度，改善了生态环境，也解决了木结构建筑的防火问题，使住宅冬暖夏凉，更适于人居住。

天井的采光。传统民居多为三间、四合等格局的砖木结构楼房，平面有口、凹、日、目等几种类型。两层多进，每进房屋门窗都开向天井，充分发挥采光作用。室外的阳光经过天井"二次折射"，光线变得柔和而温馨，给人以静谧之感，使心灵得到安全和满足。人们可以坐在高墙体封闭的厅堂之上，坐"井"观天、晨沐朝霞、观蓝天白云、阴晴雨雪；夜观皓月凌空、繁星点点，如同身处大自然之中，独与天地精神相往来，完成"天人合一"的儒家思想和对大自然的尊重与向往。创造出一个环保、婉约、典雅而充满诗意的生存空间（图3-59、图3-60）。

天井四周房屋向内连成一个口字形，当下雨时，雨水顺屋坡流向天井，经过屋檐上的滴水或雨管排至地面，再经天井地沟泄出屋外，这种排水功能，使雨水不会流到邻居家，避免了纠葛，又活化了空间环境，增添了自然情趣。春

图3-57 天井通天接地，上纳通天之风，下除地污之秽

图3-58 通山汇源村民居天井

图3-59　鄂西民居天井

图3-60　长阳资丘镇黄柏山村田家老屋

风春雨中，天井里雨声淅沥，顿生"春眠不觉晓"的愉悦（图3-61）。

天井体现了古人"聚族而居"的特点。一些大的家族，随着子孙繁衍，人口增长，可以天井为基本单元，一进一进地套建住房，形成十几个天井，甚至几十个天井的豪门深宅，增添了"庭院深深深几许"的神秘感。这种大集居、小自由的天井围屋，满足了传统大家族追求世代同堂、共享"天伦之乐"的聚居需要。由于受儒家文化影响，天井围屋多依山而建，一进高一进，意为"步步高升"（图3-62）。每一处天井围屋，严格按照上下尊卑、长幼有序的传统观念进行安排，形成了特有的"尊儒崇礼"的宗族文化，不仅要求宗族邻里之间恪守礼制，村落、民宅的布局，也要合乎礼仪，形成一种秩序之美。确立了伦理的主导地位，以"礼"待人，礼仪与宗法并重的世风民俗。为解决连片封闭的围屋采光、排水、通风，又能营造独特的绿地环境，于是出现了采用内院廊庑迂回和分割的形式，由庭院、前后厅、天井、厢房等组成（图3-63）。这种顺应自然山形地势，错落有致、进退有方的结构，不仅避免了建筑的单调、刻板，给人以一种自然造化的感受；而且最大限度节省用地。符合今天我们所倡导的节约用地的设计理念。如利川大水井李氏宗祠。

湖北的天井院民居还创造了一种利用遮阳板调节天井大小的办法，根据季节和气温不同，运用活动木制遮阳板调节控制天井中的阳光（图3-64）。这种木遮阳板形制为长方形，有东、南、西、北四块，围合起来就是一个"回"字状，四块木隔板可以根据遮蔽阳光的需要，采取单独支撑，或两块一起支撑，或全部支撑。以取得更好的采光和调节室温的效果。位于长江中下游地区的天井民居，处于副热带季风区湿热性气候，夏季连续高温，天井式民居虽然通风效果好，日晒水分蒸发量少，但是无遮蔽的天井，阳光直射的辐射热产生高温，无论是次间的正房还是厢房，夏季入夜都难于安寝。利用活动开闭的遮阳板调节日照，正午太阳盛照则将遮阳板用竹竿撑起将大天井封闭为小天井，早晚则收起遮阳板或封闭半边天井，让天井采光通风。操作方便，十分科学。如红安吴氏祠，在拜殿与祖宗殿之间的天井中，围合的建筑屋檐下都安装有这种遮阳板，以便在祀奉祖先时使用（图3-65）。

另外，街屋民居中还有一种"天斗"，这种天斗式传统民居在江汉平原较为常见，由于该地区夏季日照强、降雨量较大，为解决阳光照射强度和排水，民居在天井上建有类似于屋顶的顶盖，四周安装有铁管顺屋檐而下排除雨水，这种顶盖俗称"天斗"。为了

图3-61　利川大水井古建筑群天井

图3-62　利川大水井古建筑群天井

图3-63　利川大水井古建筑群天井

图3-64　红安吴氏祠天井木遮阳板

图3-65　红安吴氏祠天井木遮阳板

不影响采光和散热，天斗上装有亮瓦，可通风也可采光，有效改善室内微气候。特别是街屋，临街为店铺，内部为住宅，中间为天井，有"前店后宅"式、"前店后坊"式、"下店上宅"式等。此类建筑四周砖墙高耸，只留有一个大门入院进天井，后为住房，空间紧凑。在天井的上部设置外形类似"斗状"屋顶，不仅可以扩大室内使用空间，而且还可以解决大进深建筑的采光、通风问题。对比较天井而言，天斗还具有对雨、雪等恶劣气候的抵御能力。人们常将天井称"落雨天井"和"亮瓦天井"。一般情况下，每栋传统民居都有一个天斗。因房屋的前半部分往往用于经营或生产，需要较多的室内空间，天斗大多设置在民居第一进天井上。天斗造型多样，有方形、棱形和圆形等（图3-66、图3-67）。

　　为了充分利用天井的采光、透气、积水和折射的功能，来满足生产生活中有需要，不少民居对天井的空间进行再创造，有的将长条形天井用天棚分隔

图5-66 赤壁羊楼洞街屋方形天斗

图5-67 赤壁羊楼洞街屋圆形天斗

图5-68 阳新蔡贤村朱仕溢湾老宅天井

成几个空间，使天棚和屋檐连在一起，无论起风下雨，人们都能在这个空间中进行活动，如阳新蔡贤村朱仕溢湾老宅天井（图3-68）。有的在天井中直接树起一座两柱亭，不仅能防止雨水飘落到天井，还能利用这一空间从事家务劳作，而且透进天井的光源"二次折射"所产生的玄光，使人生出一种神秘，有利于加强同族之间的联系，如宜昌晓峰古民居天棚（图3-69）。还一种做法是利用"二次折射"的玄光产生的神秘，在宗祠前的天井中抱出一间亭阁，使祖宗殿更显神秘，如阳新三溪伍氏宗祠的天井抱厦（图3-70、图3-71）、通山芭蕉湾村焦氏宗祠的天井抱厦（图3-72、图3-73）等。也有利用天井积水的功能在天井下安放水缸，蓄水防火。如宜昌晓峰古民居天井安放水池（图3-74）、利川大水井李氏宗祠天井水池（图3-75），更值得一提的是在缺水的山区，为蓄水备用，将整个天井做成水池，如利川大水井李氏宗祠（图3-76）。

天井空间也是风水文化中重要的"气"场，风水学主张"生气乃第一义"，故有"气"为阴阳之精髓，民居大小天井都是功能各异的大小气场，门廊通道则为气流通道，天井是气口，控制着气流的引导和循环，令住宅充满生机与活力。《八宅明镜》说："天井乃一宅之要，财禄攸关，须端方平道，不可深陷落槽，不可潮湿污秽，大厅两边有弄二，墙门常闭，以养气也。凡富贵天井自然均齐方正，其次小康之家，亦有储藏之意，大门在生气，天井在旺方，自然阴阳凑节，不必一直贯进。诀曰：不高不陷，不长不偏，堆金积玉，财源绵绵"。在风水理论中，天井表示聚财和"积聚为本"。天井中开凿水池，蓄存积水，也有把财气蓄积家中不外泄之意。石板地漏图案雕成古

湖北传统民居研究／第三章 湖北传统民居建造智慧

图3-69 宜昌晓峰古民居天棚

图3-70 阳新伍氏宗祠天井抱厦

图3-71 阳新伍氏宗祠天井抱厦

图3-72 通山芭蕉湾村焦氏宗祠天井抱厦

图3-73 通山芭蕉湾村焦氏宗祠天井抱厦

图3-74 宜昌晓峰古民居天井蓄水池

图3-75　利川大水井民居天井蓄水池　　图3-76　利川大水井李氏宗祠将整个天井做成水池

图3-77　利川大水井古建筑群天井庭院栽花种草

钱形，寓意从漏下的雨水全是财气"流银"。晴天，太阳光自天井泻入堂前，为"洒金"，是聚财、敛财。下雨排水，表达了"四水归堂、肥水不外流"有财源滚滚之意。

　　一方天井是一座民居的观念价值所在，通过对有限空间的巧妙经营，把自然风光移入室内，在居室内营造出一所玲珑剔透的庭院，天井上方的建筑，精凿细刻着象征着荆楚文化的图案；能透过前庭上空的"飞白"，看云逸鸟翔，亮月丹霞。

　　天井庭院则更是主人意趣所在，或安装石板水池，架桥为路；或掘地凿井，植木造山；或引流穿院，栽花种草：或置鱼缸盆景，假山亭廊；数尺天地间，山情野趣生，绿意盈盈，红消紫起，使人恍然处仙境之中，表现出传统民居在结构上与自然契合的美学追求（图3-77）。

五、屋面举折与脊饰的造型

　　湖北传统民居大多为两坡水硬山顶。明清时期随着制砖技术提高和硬山顶技术的成熟，砖木结构的民居，开始大量采用硬山结构。特点是两侧山墙高出屋面，并把檩头全部包住，屋檐不出山墙。这种硬山建筑外形大气，建造方便，结构稳定，非常适合居住。特别是带有封火山墙的硬山式民居，有利于防火、防风、防盗，很快成为南方民居的首选住宅形式。由于各地气候、风俗不同，审美观念的差异，同是两坡水封火山墙的硬山民居，无论是屋面举拆、封火山墙的造型上凝聚自己的审美观点，形成了较大的差异，正是因为这些差异造成了地域建筑的独特性和标志性。

　　湖北民居在屋面坡度设计上非常科学。屋面坡度举折为五举（约为27°坡），坡度较缓，脊檩至檐檩呈一条直线。这种坡度首先减少了屋面受风面积和减弱太阳辐射，又能将屋面雨水迅速排泄。特别是考虑到冬天屋面雪冻结成冰块，在化雪时，冰块上部受阳光照射开始融化，下部因室内温度向上的影响也开始融化，这种两头融化的大型冰块往下滑时，如果屋面坡度太陡，冰雪块板下滑的冲击力就会对屋面瓦坡和脊饰形成的撞击破坏；屋面27°平缓坡面不仅能顺利排除冻结冰雪，而且冰雪下滑缓慢不会对屋面形成破坏。除了结构和构造的合理性外，还体现了建筑物的形状与自然相协调。

屋面覆盖瓦和望瓦。屋面檐口设置有如意形图案滴水瓦，呈"V"字形，将下落的雨水集聚在一个点上，以便抛撒得更远，减少雨水对墙身的侵蚀。屋坡向院落，雨水流入天井中，吻合"肥水不流外人田"的风水观念。屋面跟墙体交界的檐口，为防止流下的雨水渗入墙体，檐口处分级砌有出跳的"出檐"。为了使出跳的檐口美观大方，一般都做有泥塑浮雕花饰和雅五墨彩画，十分讲究。

正脊作为坡屋面两坡相交的地方，既是结构上的重要部位，同时也是装饰不可缺少的部分。为了防止漏水，屋脊做法考究，常见有两种做法：一种很简单，用板瓦排列成行，压住两坡瓦头的上口，起着锁定瓦面的作用，脊中座头用瓦片搭成简单的几何图案；另一种是先在屋脊砌二路青砖，以压住两坡瓦头，增加牢固性，在青砖上面，再密叠一层小青瓦，用青灰砂浆固定，再进行装饰，脊饰造型有：元宝脊、清水脊、鞍子脊等。元宝脊多用于筒瓦屋面；而鞍子脊用于板瓦屋面；清水脊是最为复杂的一种，它既可以用于筒瓦，又可用于板瓦屋面。清水脊屋顶的瓦陇有高坡陇和低坡陇之分，低坡陇上的正脊称为"小脊子"。正脊在结构上由脊身、脊头和脊中三部分构成：脊中座头用瓦或灰浆堆砌成各种民间祈福避邪的图案：福、禄、寿和宝珠、葫芦等，具有加固和稳定长脊的功能，由于座头图案造型具有飞动和升腾感，客观上起到一个聚焦视觉的作用；脊头变化较多，以抽象图案为主，有凤凰起翘脊头、有飞鸟脊头等。除了具有压住瓦面的功能外，还具有相当于鸱吻的避邪功能。

湖北民居的封火山墙为"凤飞龙舞"。这种"凤飞龙舞"是楚人的图腾崇拜的标志，有一往无前不可阻挡的气势、运动和力量。"凤飞龙舞"不是作为室内装修，而是作为建筑上一种标志，高高地矗立在封火山墙上，显示出楚民族独特的个性。为了使"凤飞龙舞"更有张力，龙曲拱着身子，凤翘展翅欲飞，充满了一种加量的美。这种"凤飞龙舞"民居形式使整个建筑充满了一种灵动和鲜明的效果，独立和区别于其他民居建筑形式，成为湖北民居建筑的一种风格和特征（图3-78～图3-82）。

湖北民居屋面举折与脊饰的设计智慧，在理性的主导下渗透着一些浪漫，在美化屋顶结构和节点的同时，注入文化性的语义和情感性的象征。脊饰除了固定建筑结构的作用外，还弥补了建筑物上部空间造型的平淡，使单调的屋脊线富于变化，增强了屋顶轮廓线的流动感和韵律美。通过构件塑造的形象，消除了庞大屋顶带来的沉重、僵拙、压抑的消极效果，带来了宏伟、挺拔、雄浑、飞动和飘逸的独特效果。

图3-78　巴东王爷庙

图3-79　麻城县五老山帝王庙

图3-80　通山宝石村

图3-81　英山民居

图3-82　洪湖瞿家湾民居

六、传统民居的给水与排水

1. 民居的给水

民居给水主要有四种方式：一是取自附近的河流、湖泊和池塘；二是挖塘蓄水；三是打井取水；四是引用山泉水。

湖北是千湖之省，又有长江和汉水两条大河从域中流过，水资源非常丰富。在水系发达的江汉平原地区，过去的交通主要靠水运，村落多依水而建：有的在河一侧，有的夹河而建，房屋毗邻，朝向依河而定。河边建有不少码头、河埠。建筑也往往做吊楼或临水形式。特别是鄂东南水网密布的地区、小桥处处，流水人家，生活用水、生产用水、交通用水，村落与水互相映衬，显露着灵气与秀美，美不胜收。如通山县宝石村，旁依宝石河，该河发源于九宫山。宝石河将村落分隔成南、北两岸。村落的大小街巷全部依河而建，每幢民居都有临河的石阶，以供生活用水（图3-83）。

村落选址对水有着两方面的要求：一是"背山面水"建筑三面环山、一面对水，导致空气循环形成局部小气候；二是要求"来龙生旺"导致选址山川连绵、河流九曲。山水相依的环境形成了水上小镇，如洪湖瞿家湾（图3-84）、监利周老嘴等水乡古镇，村镇滨水而居，临水而筑；楼与楼相依，户与户相连，楼巷与邻里之间，以水为媒介的空间，给湖滨与居民带来了"天堂之美"的景观。

在偏离河道湖湾的平原和丘陵地区，民居用水常常是以打井的办法来解决。

湖北人对地下水的利用历史悠久，至少在6000年前就懂得挖井饮水。并通过生活实践，认识到井水比之江湖塘水更为清洁卫生。《易经》"改邑不改井"。孔颖达疏："古者穿地取水，以瓶引汲，谓之为井。"三国时代的刘熙在《释名》中说："井，清也；泉之清卫者也。"考古发现古井最多的是春秋战国时的楚国（图3-85）。2010年，荆州引江济汉工程开工后，随着干渠的开挖，约700口古井逐步暴露，绵延达四公里（图3-86），分布在纪南镇花园村、拍马村、红光村和高台村，这些古井分别命名为"花园古井群"、"拍马古井群"、"红光古井群"和"高台古井群"。这些已发掘的古井中，90%以上为竹圈井，陶圈井约为10%，另外还发现两口少见的木圈井。但陶圈井和木圈井的井圈外侧也发现有竹井圈，或许起着加固陶井圈和木井圈的作用。两座木圈井均为楠木掏空作为井圈，俗称楠木井（图3-87、图3-88）。上部已被工程取土毁坏约5米，井直径约80厘米、高约3米，楠木掏空井圈，井圈厚约8厘米。井内出土汲水罐等文物30余件。另一口古井，上面因工程施工已毁坏3米左右，下面的楠木井圈分为三段。上面的一段残高约1米，中间的一段高2.4米，下面的一段

图3-83　通山县宝石村

图3-84　洪湖瞿家湾

231

图3-85　大冶铜绿山出土春秋时期铜井

图3-86　荆州春秋时期古井群考古现场

图3-87　荆州出土战国楠木井

图3-88　战国楠木井

高1米，厚约8厘米，内径77厘米。最下段井圈以四根直径约5厘米的木桩横向呈"井"字形插于井壁，以支撑上面的楠木井圈。在楠木井圈还凿有方形的小孔，用以向井壁中钉入木楔来固定井圈。

　　水井既可用于生活用水和灌溉，又可用于贮存食物，十分方便。根据地下水的埋藏分布和含水层岩性结构，古人创造了多种多样的井型。常见的有圆形筒井：直径多为0.8～1.2米，深度一般为10～20米，施工时人可直接下入井筒中挖掘土石。这种井宜于开采浅层地下水，一个水井可供4户人家使用；对于地下水丰富且均匀的平原地带，开挖的水井一般位于村落中心，因水源充足，可供几十家甚至百十家人使用（图3-89、图3-90）。山区丘陵的水井选址，通常在有泉水的地方或地下水丰富的洼地，一般位于村落的上方，为了防止生活用水与生产用水相混杂，水井常常开在水塘的上游方向，以保证水质的卫生，如天门陆羽三眼井地下水源充足，可供三家同时使用（图3-91）。

　　在水资源相对缺乏的地区，常用挖塘蓄水的办法解决吃水问题。并根据风水术中"气乘风则散，界水则止"和"风水之法，得水为上"的原则。在村落前沿挖掘"风水塘"，一来解决生活、生产用水和满足观念上的需要；同时贮水防火，对村落安全

图3-89　通山大夫第水井

图3-90　通山通羊镇湄港村大屋沈民居群水井

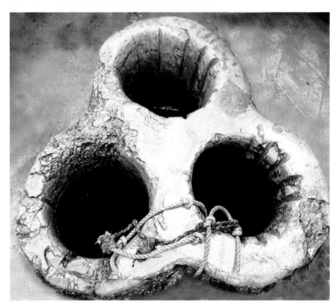

图3-91　天门陆羽三眼井

是一个有力的保障。这种利用"风水塘"贮水的方法在阳新、通山、红安、孝感等地区十分普遍（图3-92~图3-95）。

另外，在地质条件不好，或不宜打井的地方，民们想出一个巧妙的办法，即引用山泉水来解决生活、生产用水（图3-96），一种是通过明或暗渠，引水进村。后者如通山建于明代的王明璠府第，从五里外吴田洞引水至田畈，开凿一条"玉河"傍院而流，河之东西两处分别建；府第东有荷塘，西有果园，南有竹园，北有后花园，乃心亭、洗墨池、钓鱼台等，据《王氏宗谱》记载，早在府第修建之前，屋主王明璠请来洞口罗村村民做监工，开凿水道，将从村北大幕山流出的一条小溪，引到院落以东，取名玉带河，河上修有"风雨桥""功成桥"与外界相连。府第内的排水系统非常完善，站在天井下，能听到脚下的流水声。院落中不会积水，如果下水道堵了，村民会放几只乌龟，疏通管道。这股泉水不但解决民府第用水，也为下游的几个村子提供灌溉；另一种因山区岩石坚硬，或没有浅层地下水的地方，山民们则有一种更巧妙的办法，即用竹筒引来山泉水。如利川鱼木寨由于整个山寨凸起，没有地下水资源，山民们将竹子劈成两半，作为水槽，将山泉水引到自家门前的石蓄水池中，贮存起来，旁边安放有石缸、石盆、石桶等青石做成的各种生活器具，以供平时洗衣、洗物之用。鱼木寨人还自豪地在清代修建的蓄水池上，刻上"自来水"三字，这可是我国最早的山地"自来水"（图3-97）。

湖北人的给水方式注入了丰富的生态学内涵，形成了一种文化。一口水井，可以洗衣、洗物，聊聊家常；一泓清泉，便可以取水，灌溉，戏耍嬉闹。人们在生活中交往，在劳动中娱乐，在交汇中融合，润泽后人。水井也称"乡井"、"市井"。人与水之间形成的空间场所，融入生活的方方面面，对人们的物质和

图3-92 通山通羊镇湄港村风水塘

图3-93 黄陂大余湾风水塘

图3-94 咸宁刘家桥风水塘

图3-95 红安祝家楼风水塘

图3-96　山泉引水

图3-97　鱼木寨自来水

精神生活产生了不可磨灭的影响（图3-98、图3-99）。给水的方式不停变化，深浅宽窄，地上地下，与古村落互动协调，渗透相连，形成了独特的水文化，如秭归凤凰山村民每年端午节，都要在水井边用艾叶给小孩洗澡，俗称"端礼"（图3-100）。可以毫不夸张的说，水与区域文脉联结成一种乡情，成为乡土情怀的重要标志，离开故乡便称为"背井离乡"。

2. 民居的排水

民居排水是一个系统工程，它包括屋面排水、地面排水和暗沟排水。湖北气候四季分明，春夏炎热多风雨，冬天严寒多冰雪。民居排水必须与这种环境相适应。古代的匠师们因地制宜，巧妙地创造出适应这种气候的构造方式。

屋面排水主要是通过屋面举拆和滴水瓦排到天井。

地面排水：民居建筑前沿台基的宽度和屋面出檐有一个合理的比例，台基大多按出檐的三分之二或二分之一计算，以确保了雨水排在台基外。为了防止起风造成部分雨水飘到台基上，台明压面石做成散水（斜坡面），可将压面石上的雨水排除到天井院；天井院则做成"龟背形"坡面，使汇集在院中的雨水流向渗井和暗沟里，再流入街巷排水管，最终流进池塘和河流（图3-101）。

暗沟排水：天井中渗井（暗沟）设置在天井地面较低的区域，渗井口上的石盖板接缝不封堵，雨水通过接缝和石盖板上的洞眼流入渗井，再从渗井暗沟往外排。渗井没有口沿，直接以石盖板压口，石盖板往往做成古钱形，取"水为财之意"（图3-102），既美观又加快雨水下落，防止因雨势较大，造成院子积水。

窨井的设计十分科学。窨井在排水中一方面起缓冲作用，即将雨水迅速从地面送入暗沟中排出（图3-103）；另一方面沉淀泥砂，大雨过后可定期清除，防止暗沟堵塞。别具匠心的是窨井下放置一口陶罐，使泥砂沉淀在陶罐内便于清除，而且在陶罐里放有泥

图3-98 鄂南传统民宅风水塘，村民边洗衣边聊家常

图3-99 阳新玉琥村一口水塘，居民在取水、洗物

图3-100　秭归凤凰山的居民端午节在水井边用艾叶给小孩洗澡

图3-101　黄陂张公寨天井院"龟背形"坡面

图3-102 古钱形窨井盖

图3-103 暗沟出口

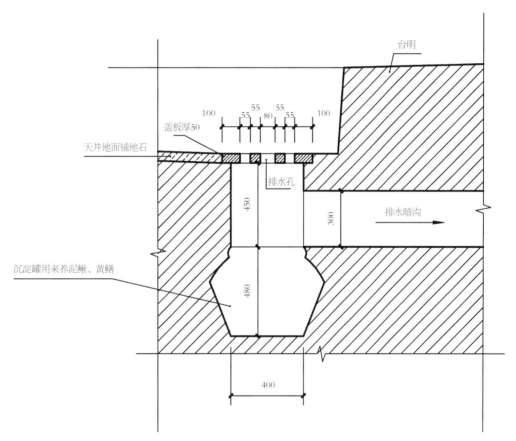
图3-104 阳新民居"半部世家"排水窨井和下置陶罐

鳅和鳝鱼，用以清除流到暗沟的剩菜剩饭等有机物，防止其霉变后产生有害气体，同时泥鳅和鳝鱼在暗沟中活动有利疏通暗沟堵塞物。如阳新"半部世家"天井院在整体搬迁至木兰湖时，发现了保存完好的窨井和下置陶罐（图3-104）。

大的天井围屋出于排水之需，沿中轴纵深依次升高各进院落地面标高，使院落地面始终保持前低后高的院落布局，全院的雨水集中于每一进天井院设置的下水口，自然地

图3-105 黄陂大余湾排水沟

图3-106 大余湾蓄水风水塘

图3-107 大冶水南湾风水塘

图3-108 通山县洪港镇茅田村王氏宗祠风水塘

汇集到前院。前院的大门或倒座台基的阶条石下设排水口，经由地下暗道直接排入村落的排水沟。再通过直排或暗沟排至风水塘，风水塘大小与村落的规模相适应，都有较大的容量，既能有效的解决村落中积水问题，又能蓄水以备日常生活、生产和防火之用（图3-105～图3-108）。大余湾民居采用三合天井院式，"一正两厢房，四水落丹池"，下水道"天井函"用石头铺砌用于排水排污。民居大体分为四大房群，每房围合一大院，由20余条巷子纵横分隔。村里有一条呈线型横贯东西的主街，将村落的四个房群串接起来。街巷小道成网状的排水管道，明沟与池塘相连，阴沟与天井相通。以广场或池塘作为支点，最后将雨水排到村前的"风水塘"。

七、砖雕、木雕、石雕、陶塑、灰塑、瓷拼

湖北传统民居建筑风格上融合南北，连贯东西，而又自成一体；建筑技艺独特精湛，木雕、砖雕、石雕、灰塑、陶塑及瓷拼艺术，题材广泛，构图新颖，堪称传统民居建筑奇葩。

1. 砖雕

民居使用砖雕的历史最迟可推到北宋。2012年考古人员在襄阳高新区团山镇邓城遗址东侧发掘出了4座宋朝古墓（图3-109），这4座宋墓为北宋晚期的仿木结构砖室墓，普遍使用了砖雕作为建筑构件，保存非常完好，其中一座穹窿顶墓出土了一个陶盏，并且有通气孔直

达地上。2013年，湖北省文物考古所在谷城县肖家营发掘了一座古墓，该墓是一座凸字形砖室墓，由墓道、门楼、甬道、墓室组成，墓道底部为方砖铺成的平台，两侧用长条砖砌成护墙，建有4.3米高的仿木结构砖雕门楼，由墓门、立柱、斗栱、梁枋等构件组成，四壁仿木构砖雕还绘有红、黄、黑等色彩，尤其是长方形墓室内券顶朱绘壁画规模较大，色彩鲜艳，线条流畅（图3-110、图3-111）。2014年，襄阳樊城区卧龙大道，考古人员抢救性发掘出一座宋代古墓，整个墓室用砖仿照木质结构建造，墓壁雕砖精美。

砖雕是传统民居的装饰雕刻艺术，广泛用于门楼、门套、门楣、屋檐、屋脊等处，使建筑物显得典雅、庄重，是传统民居的重要组成部分。

砖雕选用的青砖在选料、成型、烧成等工序上，要求较严。首先选择无砂碛的泥土，以清水搅拌成泥稀浆糊状，待泥沉淀后，将上面泥浆湖放入另一个泥池过滤，再次沉淀后，排掉上面的清水，待其干一点即用牛进行踩踏，把生泥踩踏成熟泥。再做成砖坯，入窑烧制。烧窑要掌握火候。封窑时用水浸烧，砖色以青灰为最佳。使用前把青灰砖放在水中光滑石上细磨，制成平整如镜的水磨砖。这种砖质地细腻纯净，没有砂或含粗粒的杂质，质量坚实细腻，适宜雕刻，不会影响砖雕精细刻画；在题材上，砖雕以传统吉祥图案、历史故事、神话传说和二十四孝等寓意吉祥和人们所喜闻乐见的内容；砖雕刻工序首先是"打坯"，既选题立意、构思构图，先凿出画面的轮廓，确定画

图3-109　樊城宋代砖雕古墓

图3-110　谷城县肖家营北宋墓砖雕

图3-111　谷城县肖家营北宋墓室内砖雕

面内容和位置。其次是"出细"，即是精雕细刻，根据打坯阶段的轮廓深入刻画。在雕刻技法上，主要有阴刻来刻划轮廓、压地隐起的浅浮雕、高浮雕、镂雕、平雕、圆雕等，使画面内容突出来。最后是修饰、粘补，排拼和做榫。以便安装和保持构件的坚固，能经受日晒和雨淋（图3-112～图3-116）。

图3-112 谷城县肖家营古墓砖雕

图3-113 通山县宝石村砖雕

图3-114 大冶市大箕铺镇水南湾砖雕

图3-115 红安吴氏祠砖雕

图3-116　竹山高家花屋砖雕

除了这一传统的方法外，我们发现许多古代砖雕构件并非是在成品砖上进行雕刻，这是因为砖一旦烧成，非常坚硬，刀具不容易雕刻；同时画面细微之处，因砖的脆弱性非常容易损坏。经过长期研究，我们认为：砖雕应是在泥塑的基础上，先雕刻后烧制。当然这里面最关键是要控制好砖的湿度和水分，防止砖在烧制后的脱水收缩和变形。

2. 木雕

湖北传统民居木雕的历史则比砖雕要远久。

早在春秋战国时期，楚地先民就已经把木雕应用到生活的各个方面，可以说木雕是楚文化中一份珍贵的文化遗产。据考古资料显示，最能体现楚国木雕技艺水平的是鸳鸯木豆、虎座凤鼓、木雕座屏等（图3-117～图3-122）。楚国漆木雕刻艺术，把人类童年时期所具有的一种天真、忠实、热烈的情绪，展示出来，特色鲜明、五彩缤纷，显示了楚人身上的原始情结和审美追求，也体现出楚人无羁而浪漫的想象，使观者产生融入空间的神秘、畅快与令人鼓舞的艺术感觉中。

明清时期，木雕广泛用于民居建筑。当时木雕行业，以长江为界，分为文武两帮。文帮由汉口、汉阳、黄陂、孝感一带的艺人组成，称为"黄孝帮"；武帮由武昌、蒲圻、咸宁一带的艺人组成，称为"咸蒲帮"。艺人按行帮承接建筑上的木雕工程，相互竞争，以流畅奔放、粗犷古朴的风格著称于长江中游地区。

如红安吴氏祠木雕（图3-123）。吴氏祠坐南朝北，砖、石、木结构。三进院落、面阔五间，四合院式布局。主体建筑由前幢观乐楼、中幢拜殿、后幢寝殿组成，前、中、后三幢之间，有庭院间隔，廊庑相连，布局严谨，浑然一体。三幢屋顶上均建有鸱尾式飞檐，其院、廊、厅、门、窗、栏杆、梁架、墙壁、屋脊、瓦面或彩绘、或陶塑、或木刻、或石雕出各种神话人物、珍禽瑞兽、山川风物等各种图案花纹，其题材广泛、工艺精湛、造型生动、形象逼真、巧夺天工。特别是祠堂建筑的第一重观乐楼，这两层木楼是宗祠建筑的重点。观乐楼分前楼和左右两侧楼，梁、

图3-117　荆州望山楚墓出土木雕座屏

图3-118　随州曾侯墓出土彩绘龙凤纹木雕漆豆

图3-119　襄阳九连墩楚国出土木雕彩绘龙凤纹漆豆

图3-120　江陵雨台山楚墓出土彩绘鸳鸯纹木雕漆豆

图3-121　楚墓出土雕虎座鸟架鼓

图3-122　荆州天星观墓出土木雕羽人

七、砖雕、木雕、石雕、陶塑、灰塑、瓷拼

245

图3-123　红安吴氏祠戏楼木雕

柱、幅上无一处不是雕龙画凤，镌刻花鸟人物。前楼上两根红柱合抱举起两层飞檐翘角，整个建筑可说是一个雕刻精品，最突出是戏楼台槛上8米长的木雕"武汉三镇江景图"，采用长卷画的表现手段，以浮雕与镂空雕技法展现了光绪初年武汉三镇的壮美景致和繁华景象。浩瀚的长江从三镇穿过，江上千帆逐波追浪，长江两旁楼宇林立错落有致，古朴典雅的黄鹤楼拥于其中，三镇间拱桥飞架，桥上街上人流穿梭，姿态各异，仿若武汉古镇芸芸众生仍在眼前，那街头喧闹声如在耳边，与宋代张择端《清明上河图》有异曲同工之妙，对近代武汉的城市发展研究也具有历史参考价值（图3-124～图3-131）。据专家研究，吴氏祠的木雕是当年木雕艺术流派"黄孝帮"的得意之作。

　　另如丹江口市浪河镇黄龙清末庄园。其庄园由正门、前庭院、天井、中厅、后庭院、天井、后厅及南北配房组成，共有房屋42间，整座建筑雕梁画栋，庄园前后建筑柱子、门槛、梁、枋、雀替、楼板枋等部位雕刻有大量精美线雕、隐雕、浮雕、高浮雕、圆雕的木雕图案，有"十八学士登瀛洲"、"三官寿星图"、"孔子讲学"、"三岔口"、"刘海砍樵"、"梁祝"、"赴京赶考图"、"福禄寿图"等人物故事，还有龙凤、麒麟、仙鹿等鸟兽、动植物及八宝、太极等。雕刻纹饰有云纹、龙纹、汉文、缠枝纹、雷纹等。雕刻题材广泛，寓意祥和，或圆或浮，多处镂空，立体感极强（图3-132）。相传是"咸浦帮"的作品。

　　除了上述两大木雕帮作品外，大冶大箕铺镇水南湾村传统民居群中，木雕特别精湛。主要表现在月梁头上的线刻纹样、平盘斗上的莲花墩、屏门槅扇、窗扇和窗下挂板、楼层拱杆栏板及天井四周的望柱头等。内容广泛，多人物、山水、花草、鸟兽及八宝、博古。题材众多，有传统戏曲、民间故事、

图3-124　红安吴氏祠木雕

图3-125　红安吴氏祠木雕

图3-126　红安吴氏祠木雕

图3-127　红安吴氏祠木雕　　　　图3-128　红安吴氏祠木雕

七、砖雕、木雕、石雕、陶塑、灰塑、瓷拼

247

图3-129　红安吴氏祠木雕

图3-130　红安吴氏祠木雕

图3-131　红安吴氏祠木雕

图3-132　丹江浪河清末庄园"咸浦帮"木雕

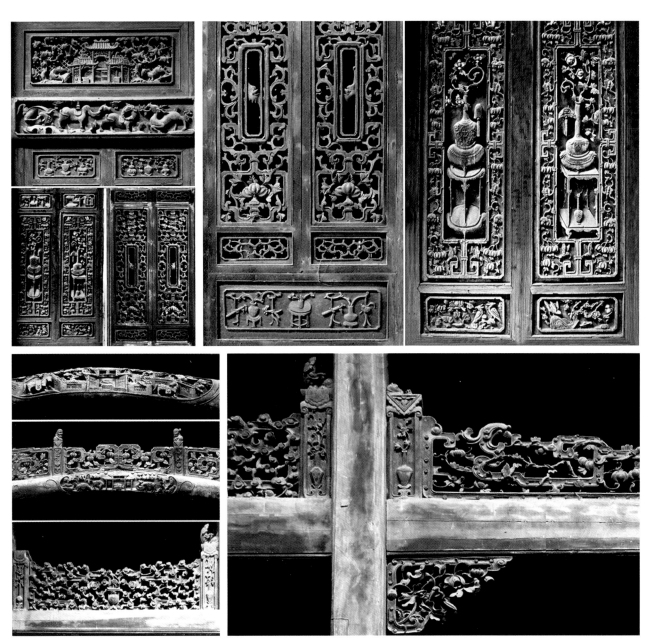

图3-133　大冶市大箕铺镇水南湾"咸浦帮"木雕

神话传说和渔、樵、耕、读、宴饮、品茗、出行、乐舞等生活场景。手法多样，有线刻、浅浮雕、高浮雕透雕、圆雕和镂空雕等（图3-133）。

　　鄂西木雕也格外引人注目，如利川大水井古建筑群（图3-134），该建筑群由李氏祠堂和庄园组成，两处建筑宏伟，雕梁画栋，修饰华丽，彩楼、门窗都刻有工艺精巧的花鸟虫鱼等图案，柱头及穿梁皆有雕花，飞檐和屋脊均有青花瓷碗碎片镶嵌成各种图案，天井内还有水池和各种精致的花坛，此外，还有各种浮雕和楹联等，院内的窗棂有雕花和石刻，栩栩如生，巧夺天工。

　　此外，竹溪甘氏宗祠的木雕（图3-135）和南漳冯氏民居木雕（图3-136）也有很多精品。

249

图3-134　大水井李氏宗祠木雕

图3-135　竹溪县中峰镇甘氏宗祠木雕雀面

图3-136　南漳冯氏民居木雕装饰

木雕一般选用质地细密坚韧，不易变形的树种。色泽光亮的称之为硬木，如红木、黄杨木、花梨木、扁桃木、椰木等，具有雕刻的全部优点，是雕刻的上等材料，适合雕刻结构多的、造型复杂的作品；比较疏松的木质雕凿起来比较容易。如椴木、银杏木、樟木、松木、水曲柳、冷杉木等，这类木材适合雕刻吉祥纹饰和造型比较概括的作品。

雕刻的步骤一般分为四步：把创意稿用墨线勾画到木材上；然后以简练的几何形体概括构思造型，进行刻坯，形成作品的内外轮廓；精雕细刻修去粗坯中的刀痕凿垢，使作品表面细致完美，把作品形象准确地表现出来；最后修补和打磨，将木雕残缺的地方用料补齐，再用粗细不同的砂纸搓磨。特别讲究的木雕还要着色上光，或上金粉。着色不仅可以弥补木质的某些不足或缺陷，还能起到丰富作品形式美的作用。

3. 石雕

石雕是中国古代的雕塑艺术之源。湖北石雕可追溯至四千年前，主要是玉石雕刻。1955年，中国社会科学院考古研究所在距今约4000～4600年的天门市石

家河罗家柏岭遗址发掘时，出土玉石雕刻器44件，种类有人头像、蝉、龙形环、凤形环等；1988年，北京大学考古学系、湖北省博物馆、荆州博物馆联合成立的石家河考古队，在石家河肖家屋脊遗址的发掘中，出土玉器157件，种类有人头像、虎头像、蝉、盘龙、鹰等（图3-137、图3-138）。石家河文化的玉器代表了江汉平原史前玉雕的最高水平。人面形玉雕是石家河文化的代表，共出土十余件，其中多为正面像，体量较小，通常在5厘米以下。人面形玉饰还有另一种造型，头戴微凸起的冠，斜眉大眼，尖鼻大耳，口出獠牙，相貌狰狞，耳带环形饰物。

石家河玉雕有浮雕、圆雕和透雕三种。浮雕是主要雕法，阴纹阳纹都有，阳纹采用减地法。透雕较少，其饰纹方法是先在玉片上画好纹样，再在纹样上钻孔，最后用线锯将孔眼扩锯成纹。钻孔方法有管钻和实心钻两种。管钻水平很高，有些喇叭形玉管内外壁非常圆正，钻这种孔用的管钻可能是被固定在一种简单的旋转机械上。实心钻，使用很普遍，玉器背面和侧面的一些小孔就是用实心钻钻成的。由此我们可以推断当时的雕刻技术工艺水平很高。

湖北石雕真正使用在建筑上的实例则是开凿于

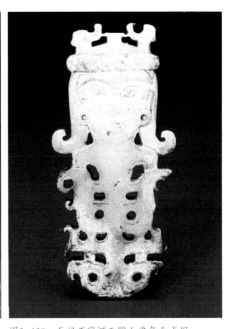

图3-137　天门石家河玉雕鹰攫人首佩　　　　图3-138　天门石家河玉雕人兽复合式佩

东晋咸康元年（公元335年）的来凤县仙佛寺（图3-139），迄今已有1680年的历史；而普遍使用在民居上则在宋元时期，如武当山宋元时期修建的大量石结构岩庙建筑（图3-140～图3-142）。

鄂西土家族石雕也非常有特点，如利川市谋道镇鱼木寨，寨内数十座古墓石雕精湛，隘关险道惊心动魄，到处都有"石雕产品"，石磨、石缸、石桌、石凳、石盆、石碾、石瓢、石路、石墙、石屋等，鱼木寨的文化似乎刻在石碑和石雕上，这些石刻让土家人的历史坚硬而恒久（图3-143～图3-146）。

图3-139　来凤县仙佛寺石窟

图3-140　武当山南岩元代石殿

图3-141　武当山元代石雕龙头香

图3-142　武当山元代天乙真庆宫石殿

图3-143　鱼木寨石盆、石缸、石桌、石洗衣台

图3-144　鱼木寨双寿居石雕

图3-145　鱼木寨双寿居石雕

图3-146　鱼木寨寿藏石雕向母墓

江汉平原以鄂东南石雕最为精彩，如大冶市大箕铺镇水南湾。该村为曹氏家族集居地，据《曹氏家谱》记载，明朝万历年间（1573年—1620年）时期，曹氏家族从江西瑞昌迁居于此。由于族人中有一女子是皇帝的贵妃，曹氏家族因此显赫。随着家族人丁兴旺，曹氏家族聘用100多工匠花13年，以九如堂为中心，在水南湾建起上百间民居建筑群。古民居雕梁画栋，采用木雕、石雕、砖雕"三雕"工艺，在技法上追求精雕细刻，装饰性、实用性、建筑精美；装饰题材多为伦理教化、神话传说、戏文故事、花鸟虫鱼、书文楹联等。水南湾村的"三雕"体现了楚地艺术风格，把浮雕、高浮雕、镂空透雕结合得十分完美。楼台亭廓，人物图案生动，构图对称变化，手法细腻简洁，颇具匠心（图3-147）。

三峡地区以宜昌南边村民居石雕为代表，追求秀雅、精致、细腻的艺术风格（图3-148~图3-150）。

图3-147　大冶市大箕铺镇水南湾石雕

图3-148　宜昌南边村民居石雕

图3-149 宜昌夷陵区黄花镇民居石雕

图3-150 巴东太坪镇倒卜龙村南家大院石雕

4. 陶塑

陶塑是一种陶制艺术构件，是陶质的雕塑艺术品，始于秦汉时期，被誉为"世界第八奇迹"的西安秦代兵马俑便是陶塑。湖北最早的陶塑是建筑上的瓦当（图3-151），艺术表现上运用夸张的浪漫手段，制作上采用模、塑结合的手法，运用塑、捏、堆、贴、刻、画等多种技法制作而成。如红安吴氏祠陶塑脊饰（图3-152、图3-153）、麻城范氏祠陶塑脊饰（图3-154）、洪湖瞿家湾陶塑脊饰（图3-155）、监利周老嘴陶塑脊饰（图3-156）和武当山西磨针井陶塑脊饰（图3-157）、竹山民居（图3-158）和竹溪民居（图3-159）等，都是传统民居中的陶塑精品。

陶塑瓦脊上的装饰题材，从一个侧面体现了民间的社会风尚、审美情趣和民风民俗等。这些造型精妙绝伦、釉彩鲜艳夺目的瓦脊，也反映了当时陶塑的技术水平和艺术水准之高，装饰精微，构思巧妙，散发出传统文化的精神、气质、神韵。

图3-151　战国瓦当

图3-152　红安吴氏祠陶塑

图3-153　红安吴氏祠陶塑

图3-154　麻城范氏祠陶塑

图3-155　洪湖瞿家湾陶塑脊饰

图3-156　监利周老嘴陶塑脊饰

图3-157　武当山磨针井陶塑脊饰

图3-158　竹山高家花屋陶塑

图3-159　竹溪甘氏宗祠陶塑

5. 灰塑

灰塑是湖北传统民居使用较多的一种工艺，即用经过石灰加桐油等制作后的混合材料进行雕塑，是建筑物上雕塑造型的装饰艺术之一。灰塑出现的确切年代现已无法考证，但可以推断这种以混合灰料进行雕塑的工艺，至迟在唐代就十分流行。如敦煌石窟中大量的雕塑作品，都是以混合灰料进行雕塑的。使用这种灰料来雕塑神像的方法在武当山的庙观中也很普遍，如玉虚岩中雷部诸神，五龙宫青龙、白虎二神像，雷神庙中的雷震子等，都是元代早期的灰塑神像精品。但这些作品都是室内的雕塑，不能经受风雨侵蚀，但是只要改变其中几种配料就可以抗御风雨。

灰塑制作的材料主要以石灰膏、麻丝、柚油和面粉进行调制。由于民居建筑的灰塑主要用于屋面装饰构件，灰塑在进行前，应在建筑的目标位置打入钢钎，并用铜线或麻绳绑扎骨架。扎制时要考虑骨架结构和稳定问题，以确保雕像的牢固性。

湖北民居中使用较多的是一种是利用砖瓦的外形略为进行加工的灰塑，这种灰塑有一种"画龙点睛"特殊的效果，主要用来雕塑墀头上的艺术构件。如竹溪甘氏宗祠灰塑脊饰（图3-160）、南漳板桥民居灰塑脊饰（图3-161、图3-162）、鱼木寨民居灰塑和通山传统民居灰塑等（图3-163～图3-165）。

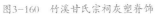
图3-160　竹溪甘氏宗祠灰塑脊饰

七、砖雕、木雕、石雕、陶塑、灰塑、瓷拼

259

图3-161　南漳板桥冯氏民居灰塑脊饰　　　　图3-162　南漳三里岗都家巷王家老屋灰塑脊饰

图3-163　宜昌新滩民居灰塑脊饰　　图3-164　鱼木寨民居灰塑　　　　图3-165　通山上坳宋氏新屋灰塑

6. 瓷拼

瓷拼是将彩瓷打碎，用彩瓷镶嵌出各种花纹图案。如大水井李氏宗祠三大殿及厢房的封火山墙及宗祠墙壁上彩瓷镶嵌花、鸟、虫、鱼和博古图案，造型生动，琳琅满目（图3-166～图3-169）。据传，这些瓷嵌所用瓷片是从江西景德镇、湖南长沙等处运来新碗、新盘，按构图所需敲碎后，经过精选然后镶嵌，其用料之讲究，耗资之巨大可想而知。另外在竹溪县大山中，也盛行这种工艺，如中峰镇郭氏宗祠和甘氏宗祠的瓷拼（图3-170～图3-173）等。

图3-166　大水井李氏宗祠瓷拼

图3-167　大水井李氏宗祠瓷拼

图3-168　大水井李氏宗祠瓷拼

图3-169 大水井李氏宗祠瓷拼

图3-170 竹溪县中峰镇郭氏宗祠瓷拼

图3-171 竹溪县中峰镇郭氏宗祠瓷拼

图3-172 竹溪县中峰镇郭氏宗祠瓷拼

图3-173 竹溪县中峰镇郭氏宗祠瓷拼

七、砖雕、木雕、石雕、陶塑、灰塑、瓷拼

263

第四章　湖北传统民居建筑风格

一、湖北民居建筑的审美意象

湖北传统民居研究的目的主要有两条：一是研究总结出湖北传统民居的历史、文化和科学价值，对传统民居进行全面保护；二是继承和发扬"荆楚派"建筑风格，建设美丽乡村。

湖北传统民居文化内涵丰富、选址布局睿智、结构营造科学、审美意象鲜明等，遗憾的是学术界目前尚未形成湖北建筑风格的总体概念。换句话说：湖北传统民居建筑风格有哪些内涵，学术界没有一个清晰明确的学术概念。大家知道，"没有比较就没有鉴别"，要对这个问题进行探讨，必须与周边省、市地区同类建筑进行对比，找出差异，才能分析出湖北传统民居蕴含的建筑文化和审美意象，才能寻找到湖北传统民居建筑风格，才能为新农村建设中传承和创新湖北传统民居建筑风格，提供借鉴和参考。

改革开放以来，我国的城乡建设进入了高速发展时期，由于城市地域扩张和农村改造步伐加快，农村原有文化和建筑特色逐渐趋同，致使千镇一面、千村一面，听不见乡音，看不见"诗意栖居"的村落，忆不起乡愁！2013年，中共中央总书记、国家主席、中央军委主席习近平视察湖北时作出湖北城乡建设应体现湖北特色和荆楚文化的重要指示。湖北省住房和城乡建设厅随即组织开展"荆楚派"建筑风格研讨会。2013年中央召开的新型城镇化工作会议上通过的《国家新型城镇化规划（2014—2020年）》明确提出，要"发掘城市文化资源，强化文化传承创新，把城市建设成为历史底蕴厚重、时代特色鲜明的人文魅力空间。"

本章以湖北传统民居为实例，对其选址、布局、形制和风格进行探讨，并与周边省、市地区同类建筑进行分析对比，找出差异，探寻湖北民居建筑中蕴含的建筑风格和审美意象，为新农村建设中传承和创新湖北传统民居建筑，提供借鉴和参考。

湖北省位于中国中部、长江中游，南北建筑文化在此交融，加上商业活动和人口的迁移，原汁原味的荆楚建筑被掩盖于不同建筑中，如不仔细推敲，已难以区别。以至有人怀疑，湖北民居已与相邻省域的建筑文化已经融合，难分难辨。事实果真如此吗？答案是否定的。

建筑作为区域文化的产物，既是物质财富，又是精神产品，作为一种文化形态，建筑在满足生活功能需求的同时，也体现了人们的思维方式和价值取向，传统文化所发挥的影响常常超出使用功能本身，因此建筑的区域特征是十分显著。

我们先来探讨民居的审美意象。

湖北传统民居的审美意象是"天人合一"的思想观，也是楚民伦理观、审美观、价值观和自然观的深刻体现。它所展现的是"自然与精神的统一"，重视人与自然的融合相亲的文化精神。这种"天人合一"的审美意象主要体现在对土地的珍惜、敬仰和崇拜上。

土地是农耕民族赖以生存的物质基础，土地承载万物，生养万物，是最核心的资源。祭祀土地神即祭祀大地，属于祈福、保平安、保收成之意。土地神又称"福德正神"、"土地公公"、"土地爷"、"社神"、"土伯"等；其庙宇则称为"土地庙"、"伯公庙"。土地庙简陋者于树下或路旁，以两块石头为壁，一块为顶即可，是湖北民间信仰最为普遍的神祇之一。土地神农历二月二日出生；土地公农历八月十五得道升天。这两个节日与农时密切相关。一个是开春播种，一个是秋收冬藏。每逢这个节令，各地都要举行社庆。

对土地的珍惜和审美意象更主要反映在民居建筑的选址与组合上。

湖北处于中国地势第二阶梯向第三阶梯过渡地带。山地丘陵占全省面积80%，其地势西北高东南低。传统民居布局原则上按照传统的"风水"格局，参照"背山面水"和"负阴抱阳"基本条件进行选择。对土地敬仰的审美意象必然导致民居建筑顺应环境地势的起伏变化。出于对"耕田"的珍惜，民居选址往往在较贫瘠的岗地上；建筑坐北朝南，充分利用太阳能源，以解决人对取暖和舒适生活的需要；为解决对木材的需求和环境绿化，往往在住房的背后种植树木；这种"负阴抱阳"和"背山面水"与后树前水的建筑格局，容易造成富氧粒子环状循环，形成健康的环境和良好的局部小气候（图4-1）。

为方便生产生活用水，村民喜欢在民居前沿开塘蓄水，为了卫生和健康、常将生产和生活用水分开，即在池塘的上方开凿深井，以供生活用水，这种审美观不仅暗合着实用原理，而且十分科学（图4-2）。

图4-1　世外桃源——恩施彭家寨

图4-2　通山湄港村大屋沈民居群

建筑在组合上，根据区域环境和聚落的血缘基因呈现出三种形式：第一种是根据地势，由高向低扩展；第二种是按血缘式组合，即以祖屋为中心向左右扩展；第三种是血缘式和地势混合布局。其审美意向：建筑与血亲关系、与世间生活环境联在一起，不是高耸入云、指向神秘的上苍观念，而是平面铺开、引向现实的人间联想，子子孙孙，万世一系。不是可以使人产生恐惧感的大空旷内部空间，而是平易的、非常接近日常生活的内部空间组合；在民居建筑的空间意识中，不是去获得世外的灵感或激情，而是用明确、实用的血缘观念与情调。建筑体现的这一审美精神，重在生活情调的感染熏陶。在这里，建筑的平面铺开的有机群体，实际已把空间意识转化为时间进程，就是说，民居建筑的平面纵深空间，使人慢慢游历在一个复杂多样情感序列的不断漫游的时间历程中，感受到生活的安适和对环境的和谐。

民居的审美意象还表现在建筑物对称结构上，展现出严肃、方正、井井有条。它不是以单个建筑物的体状形貌，而是以整体建筑群的结构布局、制约配合来取胜。非常简单的基本单位却组成了复杂的群体结构，形成在严格对称中仍有变化，在多样变化中又保持统一的风貌，极有气魄地展示了一个五彩缤纷、琳琅满目的世界。人不仅在其自身的精神世界中，也溶化在外在的生活和环境世界中，在这种琳琅满目的对象化的世界中。给人们以空灵精致的艺术和丰满朴实的意境；同时，济世的儒教，养生的道教，儒道互补，一方面强调官能、情感的理性满足和抒发实用功利；另一方面强调的是人与外界对象的超功利的审美关系，是内在的身体实质的需要。民居建筑安详静态姿势和内在精神，从整体把握了艺术追求和审美理想。

这种珍惜耕地，重视生活与生产用水，利用自然能源、保护生态，营造良好宜人的局部小气候和环境的审美智慧，强调得更多的是内在生命意兴的表达，作为建筑效果和景观，审美意象中潜藏着科学智慧（图4-3）。

为了节约可耕地，湖北传统民居大多采用"天井院"集聚式布局。这种布局与北方"四合院"类似，但合院中不是院子，而是"天井"。这种布局占地少，容积率较大，建造方便，造价低廉。建筑多为连排式，第一进正屋为厅堂，与天井相连，再进为寝室和居住类用房。明清两代，朝廷有明文规定，庶民庐舍不超过三间五架。故湖北荆楚民居多为三开间，两侧以厢房相连，成为天井院，再由多个天井组合成大的群落，在江汉平原由二十几个天井组成的合院为数众多。天井小而狭长，通天接地，为封闭的空间带来阳光雨露和藏风聚气。每逢雨天，屋坡将雨水向天井排下，形成"四水归堂"之势。特别是在审美意向中，水是财富的象征（水在风水中称为财），故有"肥水不流外人田""老天降福""财源滚滚"之誉。"有意味的形式"则恰恰表达了它是活生生的、流动的、富有生命暗示和表现力量的美。

民居建筑表达出种种形体姿态、情感意兴和气势力量，特别是依山就势形成的特有线性组合。通过结构的疏密，体量的轻重，色调的冷暖……就像从自然界的天籁声里抽出乐音来，用强弱、高低、节奏、规律等，表现出自然与人类的内心的情感。以抒情和表达审美意象的方式展开为旋律，构造出一首首丰富多彩的交响曲。那一气到底而又缠绵往复的旋律之中，体现出欣欣向荣的情感（图4-4）。

图4-3 南彰漫云村

图4-4 宣恩彭家寨

　　中国民居是以木结构为特征的建筑休系，主要有抬梁式、穿斗式和穿抬混合式，由于本文的重点是探讨湖北民居建筑风格，找出湖北民居与其他省民居在建筑风格上的不同之处，并与之对比和区别。对于大木结构和内部隔断等大同小异的部分不作探讨。一句话：集中分析湖北民居造型风格和美学特征。

　　民居建筑主要由基础、墙休木构和屋面三部分构成。其中屋面和墙体的形制对建筑风格影响最大。故重点探讨屋面和山墙的组成形式。

　　湖北传统民居形制中，最有特点的是"朝门"。这种朝门一般与厢房相连，也有作为独立的建筑，在造型上都有着鲜明的湖北地方风格。无论是鄂东的阳新、鄂西的军店，还是三峡的新滩和宜昌的南边村。这种"朝门"都为硬山式建筑，两侧有高高的封火山墙。封火山墙大多采用"凤飞龙舞"的型制，不仅形象鲜明，而且充满了勃勃生机（图4-5）。这种朝门不仅与徽派建筑贴壁修建的大门不同；而且也与北方四合院悬山式或卷栅式门楼不同（图4-6）。

图4-5　三峡民居、阳新民居和房县民居

图4-6 徽派门楼、山西门楼和北京门楼

湖北传统民居多为硬山式，屋面坡度约为27°角。屋面的功能无非是遮风避雨和防晒。在长期发展中屋面形成了：硬山、悬山、歇山、庑殿、卷棚、穹顶等丰富多彩的形式，这些形式通过设计者的排列组合，使建筑更具张力和艺术性。但就其使用功能来说，目的都是为了迅速排流雨水。因此，其共同的特点就是屋脊较高、坡度较陡。湖北省年降雨量在800~1600毫米之间，在全国属于中等偏上。为了便于排水，又不会因为冬季冰雪融化，屋面冰块下滑引起瓦件损坏。屋面举折一般为五举，坡度约为27°角，舒适，美观大方。

山墙初期是承重结构，由于木结构承重体系的完善山墙逐渐演变为隔断，作用于分割空间和围合庭院，又因山墙升高可防止高密度的木结构民居遇火时延烧成片，形成封火山墙。

民居建筑的封火山墙形状是辨别建筑风格的标志。因南北气候的差异，特别是封火山墙的造型具有优美的天际线，增加建筑的美誉度，因而被赋予祈福镇邪的审美观念，由此形成丰富多彩的山墙形式。如：阶梯形、弓形、曲线形等，成为民居建筑的一大特色。

广东民居最有特点的是围龙屋、宗祠。民居多为锅耳墙，龙船脊和尖顶加瓦片硬山式建筑；围龙屋多为客家方形和半圆形合围住宅，半圆屋顶，山墙为镬耳墙；宗祠屋面多为瓷拼龙船脊。基本上没有封火山墙。岭南地区影响最大的是镬耳墙。这种墙寓意富贵吉祥、丰衣足食。有"千两黄金万担谷，夜夜笙歌镬耳屋"之誉。潮汕地区是以"金、木、水、火、土"五种样式来装饰的五行镬耳墙（图4-7）。

福建民居以土楼和红砖大厝为特点（图4-8、图

广东民居（佛山乐平镇大旗头村）

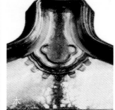

图4-7　广东民居　　　　　　　　广东民居——五行山墙

图4-8　福建泉州——红砖大厝

图4-9　福建民居——土楼

4-9）。土楼是圆屋顶；红砖大厝多为"燕尾式"屋顶，脊饰呈船形，两端翘然欲飞。
燕尾式屋脊多为一重，莆田等地有二重，俗称"公银角"。

徽派民居采用以直线型的直角阶梯式为主的封火山墙。山墙随屋面坡度层层迭
落，有一阶、二阶、三阶、四阶之分（俗称为一叠式、两叠式、三叠式、四叠式）。
较大的民居，因有前厅后堂，封火山墙的叠数可多至五叠，俗称"五岳朝天"；同时，
墙头挑出三排檐砖做成墀头，其上安有"马头式"、"鹊尾式"、"蝎尾式"、"金印式"、"坐
吻式"等座头。"鹊尾式"即雕凿一似喜鹊尾巴的砖做为座头；"蝎尾式"即形似蝎子
尾之砖饰；"印斗式"在处理上有"坐斗"与"挑斗"两种做法；"坐吻式"是将陶制
"吻兽"和哺鸡、鳌鱼、天狗等兽类安在座头上。

徽派建筑的封火山墙有很强的观念意识。明清之际，徽州男子十三四岁就外出经
商，"马头式"封火山墙是家人望远盼归的文化象征。后来马头墙的"马头"逐步变
为"金印式"或"朝笏式"，显示出主人对"读书作官"这一理想的追求；"鹊尾式"、
"蝎尾式"则是用于祈福镇邪（图4-10）。明清时期，徽商走南闯北，又有经济实力，
徽州封火山墙在中国南方各地有很大影响。

北方因为天气寒冷，风沙较多，民居建筑形制多为合院，院墙高大具有隔火功能，
屋坡平缓厚实，单体建筑为悬山式，山墙低于屋面，基本上没有封火山墙（图4-11）。

湖北传统民居因楚文化的熏陶，形成独特"凤飞龙舞"式封火山墙（图4-12）。

湖北传统民居封火山墙：坐头为凤鸟展翅，整体脊饰由拱曲龙身相连（俗称拱龙
脊），组成凤飞龙舞的造型。红安吴氏祠、罗田叶氏祠、麻城雷氏祠、英山李公桥、
卫氏祠、通山宝石村、大夫第、阳新梁氏祠、巴东王爷庙、十堰武昌会馆、房县军
店、徐氏祠、竹溪中峰甘氏祠、宜昌江渎宙等地民居，都是"凤飞龙舞"式封火山墙
组成形式（图4-13）。应重点提示的是，凤飞舞起来，龙却拱曲着，蓄势待发，充满

图4-10　徽派民居

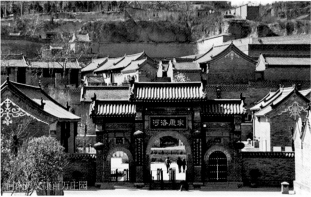

图4-11　北方民居

图4-12　湖北民居凤凰座头

图4-13 湖北传统民居封火山墙"凤飞龙舞"造型

宜昌江渎庙

阳新梁氏祠

阳新梁氏祠

武当山紫霄大殿

当阳玉泉寺大殿龙脊

图4-14 "凤飞龙舞"脊饰

了一种力量的美。

为了防止"凤飞龙舞"是湖北传统民居建筑风格这一结论失之武断，让我们再来看一看更为直白的表现形式——武当山紫霄大殿翼角"凤飞龙舞"脊饰。武当山是明皇家庙观，原有屋面是官式做法，紫霄大殿的脊饰应和金殿脊饰一样为官式仙人走兽。清代维修时当地人改为自己喜欢的"凤飞龙舞"脊饰；同样，当阳玉泉寺大殿做成了飞龙脊（图4-14）。由于这些建筑是官式建筑，没有追查的风险。可以说"凤飞龙舞""如翚斯飞"不仅是楚人的审美追求，而且是固化在湖北传统民居建筑上独有的风格特征。

湖北这种"凤飞龙舞"山墙并不是一种固定的模式，为避免雷同，在凤飞龙舞的审美追求下，"凤飞龙舞"封火山墙的构成形式非常丰富，其总体原则是"凤飞龙舞、龙凤呈祥、合而不同、浪漫有致"，这与湖北人求新求变的精神有关，具有极高的审美价值（图4-15）。

毋庸讳言，徽派直叠式特别是"五岳朝天"式封火山墙在我省也有不少。这除了徽商的影响外，还因为直叠式山墙施工简单，操作方便；而湖北传统民居中的"凤飞龙舞"封火山墙做工讲究，施工工艺难度较大，在我省大量的存在，无疑是审美观念在建筑上的体现；特别是这种"凤飞龙舞"封火山墙在安徽等其他地区十分少见，虽有个案，大多也为湖北人所建。

有人说"凤飞龙舞"封火山墙在重庆和四川地区比较多，重庆和四川地区的"凤飞龙舞"封火山墙源于"湖广填四川"，是湖北传统建筑文化的延续。

通山民居

宜昌黄陵庙

洪湖瞿家湾

利川鱼木寨石雕

阳新徐氏祠

十堰武昌会馆

英山卫氏祠

通山宝石镇民居

巴东王爷庙

宜昌江渎庙

阳新梁氏宗祠

武当山磨针井三清殿脊饰

通山民居

襄阳民居

咸宁民居

宜昌新滩民居

荆门马河镇垸子河村

巴东王爷庙

通山大夫第

咸宁刘家桥民居

图4-15 凤飞龙舞山墙和脊饰

"湖广填四川"是指发生在元末明初和明末清初的两次大规模的湖北、湖南等省（即湖广行省）的居民迁居到四川。

宋元之际，四川军民开展艰苦的抗金战争，使金兵未能进入四川盆地，紧接着又坚持了长达半个世纪的抗元战争，人民的生命财产受到极大的损失。"蜀人受祸惨甚，死伤殆尽，千百不存一二"（虞集:《道园学古录》卷二〇）。特别是抗元战争中元兵对平民的直接屠杀，明人王维贤《九贤祠记》:"元法，军所至，但有发一矢相格者，必尽屠之。蜀人如余玠、杨立诸公坚守不下，故川中受祸独惨。明初，中江县开设，土著人户业七八家，余皆自别省流来者。"元代末年，湖广随州人明玉珍率湖北地区的红巾军攻入巴蜀，改元称帝。明玉珍不仅带来十几万军队，也有大量少田缺地的农民随之进入巴蜀地区开垦务农。明代初年，明王朝为了控制巴蜀局势，若干官兵被留居巴蜀。同时安排湖广移民入蜀。明洪武十四年（1381年），四川人口就上升到146万，外地移民，特别是湖广移民为主要部分。

第二次大移民发生在明末清初，四川因天灾人祸，人口锐减。明代最后的70年中，四川不断发生天旱，大水，蝗灾，瘟疫等灾害。谷应泰:《明史纪事本末》卷七:"大旱、蝗，至冬大饥，人相食，草木俱尽，道殣相望";明末农民起义爆发，李自成、张献忠军曾几度入川作战，造成大量的人口死亡。清军进川，残余明军与清军形成拉锯战;不久，吴三桂又与清军在四川开战。一直到康熙二十年（1680年）以后，战火才基本停熄。经过了约80年的战乱加天灾，四川人口急剧下降，《四川通志》:"及明末兵燹之后，丁口稀若晨星"。以至清初的四川巡抚不能进驻成都，而驻在川北的保宁（今阆中），顺治十八年（1661年）才入驻成都。甚至有的县城，则到康熙年间才修造县衙。据康熙二十四年（1685年）人口统计，经历过大规模战事的四川省仅余人口9万余人，重庆城（现朝天门到七星岗通远门一带）只剩下数百家人，重庆所辖的州县内，有的只剩下十几家人。康熙三十三年（1649年）清圣祖玄烨下旨《招民填川诏》，下令从湖北、湖南、广东等地向四川（包括重庆）大规模移民，清政府还为此颁布了一系列移民优惠政策。据统计这次移民的持续时间长达一百多年，入川人数约六百万人，其中湖北、湖南的移民就有三百多万，达一半之多。

大量的湖广移民，不但垦殖荒地，促进四川经济复苏;也必然将各地的生产技术、风俗文化和审美观念带入四川。重庆和四川地区出现湖北"凤飞龙舞"的建筑形式则是情理之中的事情（图4-16）。

湖北传统民居建筑的台基和排水十分科学。台基一般都建得较高。对于南方多雨潮湿有较好的预防效果。天井排水最有特点:天井大多以石板墁地，石板四边低，中间稍高，石板低凹处做有石地漏，地漏与排水沟相连。为了防止排水沟堵塞，在地漏下方埋有一个小罐，以便沉淀杂物和方便清理。别出心裁的是在地漏下小罐中，常常放养泥鳅、鳝鱼和小龟等，以便这些小东西吞食废水中的食物残渣，不但对环境卫生有着清洁的作用，而且疏通了残渣的拥堵，对排水十分有利。

综上所述，我们可以总结出湖北传统民居风格的几个特点:

①"天井院"式布局;②民居组合形式中，大多建有"朝门";③硬山式建筑屋面，屋面坡度约为27°;④"凤飞龙舞"封火山墙;⑤台础和排水十分科学。

图4-16　重庆和四川地区民居

三、民居保护与新农村建设

中国是个有五千年文明的古国，无论受到什么灾难，也无论何种外来文化入侵，都不能改变中华民族的文明进程。可以说，我们的文化是经过一代一代的保护和传承，并随着时代发展而不断发展更新，它超越宗教，甚至超越政治，成为中华民族团结统一的文化基础。

在这个文化基础中保护和传承、发展与创新是两个重要的基石。

当今中国正处在一个建筑创新风起云涌的时代，对外开放的扩大和信息化时代的到来，无疑拓宽了人们的认知领域，对社会生产力的解放产生积极影响；同时，也强烈地冲击着人们的情感世界和文化观念。信息技术催生出某些全新的文化样式，也带来了某些迷茫和困惑。人们在眼花缭乱中感受到单调，在热闹和喧嚣中品尝寂寞。人们有理由对信息时代带来的种种消极现象表示担忧。

传统建筑的保护自然也成为一个重要问题。

1999年10月，国际古迹遗址理事会（ICOMOS）在墨西哥召开第12届大会，通过了《乡土建筑遗产宪章》，认为在世界文化、社会、经济转型过程中的同一化背景下，乡土建筑十分脆弱，由此提出了确认乡土性的标准、乡土建筑的保护原则及保护实践中的指导方针，这是对《威尼斯宪章》的补充。2005年8月，中国乡土建筑文化暨苏州太湖古村落保护研讨会发表《苏州宣言》，呼吁保护和抢救中国优秀的乡土建筑文化遗产。同年12月，国务院颁布《关于加强文化遗产保护的通知》的42号文件，明确提出："在城镇化过程中，要切实保护好历史文化环境，把保护优秀的乡土建筑等文化遗产作为城镇化发展战略的重要内容，把历史文化名城（街区、村镇）保护规划纳入城乡规划"。这是第一次把乡土建筑保护纳入国家政府行为。2007年，国家文物局在江苏无锡举行会议，来自全国文化遗产保护领域和相关专业的代表，就乡土建筑保护的主题进行了深入研讨，并通过了保护乡土建筑的《无锡倡议》。2006年，第三次全国文物普查工作开始，乡土建筑被列为一个专门的普查门类。

湖北的民居保护工作早在1988年国务院公布第三批全国重点文物保护单位就已经开始，截至2013年，国务院公布第七批全国重点文物保护单位时，湖北省共有34处传统民居被列为全国重点文物保护单位。但应该看到，这些被保护的民居毕竟是极少数，还有大量的民居因各种原因没有列入法律保护的范围。传统民居的保护需要各级政府和社会各界特别是当地农民的自觉保护。自觉行为又往往与对传统民居保护重要性的认知密不可分。

传统民居是我们得天独厚的乡土情怀和一方水土的心灵智慧，永不过时的文化资源和启迪创新的思想凭借；但要认清传统民居的破坏原因却不是很容易，原因也非常简单，认为传统民居太旧、太破、使用不方便或不好看！一句话，传统民居落后了，不符合现代生活标准！说到底就是认识和观念问题。这些观念加剧了传统民居的破坏速度。特别是建设性破坏，很多优秀的传统民居就是在重新建设中被人为拆毁。

传统民居是我们民族悠久历史的稀世证物，乡村是有着灵魂和记忆的生命体，它存在着，生长着，不断地给予我们舒适、便利和精神上的慰藉。人类社会的终极追求是文化，乡村的本质功能也是文化，从这个意义上来说，乡村是文化的容器。丢弃传统，就是割断文脉的发展，长此以往，那些美丽村庄和伴随着它成长的故事和记忆也将不复存在。一旦乡愁文化荡然无存，这个村庄就彻底消失了（图4-17）。

现代化和城镇化进程对传统城市形成了的冲击的例子很多。特别是许多原本已经残缺的历史街区在"造城运动"中被"改造"掉，取而代之的是一系列新建的欧式小区。我们难道不应该反问一句：我们为什么非要去仿造外国建筑？而不珍视自己的文化遗产？难道我们真的想让自己的后代找不到城市的根脉？找不到自我的历史与文化凭借？

因此要做好湖北新农村建设工作，就要做好面向未来的前瞻性谋划，要有战略的眼光、理性的思维，才能克服新农村建设中的困难，做好湖北传统民居保护、传承和创新工作。

2005年，党的十六届五中全会通过《十一五规划纲要建议》，提出要按照"生产发展、生活宽裕、乡风文明、村容整洁、管理民主"的要求，扎实推进社会主义新农村建设。当前我国全面建设小康社会的重点难点在农村，农业强则基础强，农民富则国家盛，农村稳则社会安；没有农村的小康，就没有全社会的小康。同时，将传统古村落保护好，这对于建设美丽中国，建设文化强国，传承中华传统文化，增强民族自豪感和心灵归属感，提升国家文化软实力和国际影响竞争力，都具有重要的现实价值和深远的历史意义。

我国领导人把古村落的保护与建设文化强国相提并论，说明了在国家顶层设计中已经将保护传统文化列入了发展战略。

湖北传统村落是数千年农耕文化的缩影，承载着丰富的历史和文化信息，散发出浓郁的乡土气息和无穷魅力。民居村落是最基本的社会单元，民居顺应自然、利用自然和融入自然，创造了许多优秀的样板。由于民族众多，自然条件和文化板块不同，各地的传统民居形态缤纷、风情各异。从我们对湖北民居的27个分类，可以看出湖北传统民居的丰富多彩，真可谓"五里不同风，十里不同俗"。我们十分庆幸湖北乡村至今保持着极其丰富的乡土文化（图4-18）。这些乡土文化的本质就是追求和谐与构成和谐，终极目的就是人与自然的和谐，人与人之间的和谐。"和为贵"就是我们建设新农村得天独厚的乡土情怀。

图4-17　恩施市新建"洋农村"

图4-18　风景如画的通山宝石村

中国美学的着眼点更多不是外在形体，而是功能、关系、韵律和结构。传统民居一开始就不是以单一的独立个别建筑物为目标，而是以空间规模巨大、平面展开、相互连接和配合的群体建筑为特征。从6000年前的枣阳雕龙碑新石器时代氏族公社聚落遗址，传统建筑形式就已形成。这种"顺其自然"，选择合适的环境营造居所，消除潜在的生存危机，是与自然协调达到生存和发展"天人合一"的诗意栖居。这种诗意栖居至少包括以下几个方面审美创造：对土地资源和环境的认识、利用及保护；建筑的选址、布局和空间组合；家族情感、观念、伦理在建筑中体现；生存的舒适度与可持续发展。

湖北传统民居的屋顶形状和装饰，对村落的整体风貌有重要影响，屋顶的"凤飞龙舞"曲线，使沉重的硬山屋面随着线的曲折，显出向上挺举的飞动轻快，配以宽厚的正身和方正的台基，使整个建筑稳定踏实而毫无头重脚轻之感，体现出一种情理协调、舒适实用、有鲜明节奏感的效果。它不再是体积的任意堆积而繁复重累，也不是垂直一线上下同大，而表现为十分明朗的数学整数式的节奏美。投射出来寄托在村落上的欣欣向荣气质和奋发图强精神。换句话说：湖北传统民居是一个有生命，有记忆，有性格的一方水土的独特创造。透过哲学加以反映、凝结和提升，通过"天人合一"来达到至善境界（图4-19）。

图4-19　美丽的咸宁刘家桥

优秀的民居代表着一个民族、一个时代所能达到的精神高度和文化深度，能够带动公民生活水平的实质性提高，带动文化建设的整体性发展。今天的建筑师和古人一样，都有持恒追远之心，希望把自己有限的生命融入到无限的历史发展中去，实现对个体生命的超越。建筑师的这种历史情怀，成为湖北民居创新和发展的原动力。

社会的不断发展，农民生产生活方式的变化，对于传统民居传承，不宜照搬照用，而是对建筑理念和营造智慧的借鉴。在新农村建设中，汲取传统民居在规划布局、功能设计、组织构造、材料运用、节能抗震和造型装饰方面的智慧；对具有传承价值的建筑语言、元素，与现代科技成果结合，创造性地领悟和应用。在继承中创新，在创新中保持特色，努力实现每个地区、每个村庄都能在总体协调的基础上独具风采。

在新农村建设中还要避免左的干扰，特别是一些地方领导片面地把新农村建设理解为建新村、盖新房，更为甚者提出"小康不小康，关键看住房"，把"几十年不落后"当作时髦，热衷于引导农民在"新农村"中兴建"标准化"别墅和排房。这种一哄而上，集中修建的典型房和样板房，稍一不慎，就会造成大片"新洋房"，不仅建筑式样和风格"不服水土、不接地气"，割裂传统民居在长期历史发展过程中形成的地域文脉和乡土特色。另外，农村大量的"新洋房"还给富裕了的农民带来了一种错误的引导，认为"新洋房"是时髦的象征（图4-20）。推动了农民拆旧房建新房的潮头，造成不少承载有丰富传统文化和地域特色的优秀传统民居消失。

图4-20　嘉鱼县官桥镇"洋农村"

新农村建设中出现的这些问题，给我们对传统民居的保护和新农村建设带来一系列值得深思的课题。这些问题有的是对政策理解有误造成的，有的是由对现代化认识模糊所致，更多的是因为对传统民居所蕴含文化和审美价值认识不足。要解答这些问题只有从传统民居中去寻找答案，因为传统民居是我们永不过时的文化资源。

同时，农村基层建设部门还应对传统村庄的建设制定一些措施：

（1）地方政府在保护农村耕地政策中，要禁止拆毁具有文化价值的传统民居作为新建房的宅基地，或将传统民居改成新楼房；

（2）要使农民认识到祖先遗留的民居是智慧的结晶，不仅具有居住价值，而且具有很高的审美价值；

（3）从自然生态、营造理念、建筑技术去认识民居积淀的审美经验，加以提炼并选择应用于现代民居的建设中，使农民看到具有传统建筑形式的新民居不但实用，而且非常漂亮；

（4）需综合考虑农村经济的来源和种植模式，使新民居在使用空间上与生活和生产方式相联系，让农民拥有自己的小菜园和养猪养鸡的场所；

（5）传统民居修建要耗费大量的木材、条石、青砖等建筑材料，砍伐、开采、烧制这些建筑材料对当地的自然生态环境有一定的影响，可使用现代建筑材料取代。

文化遗产之所以珍贵，是因为它们无一不在诉说着我们民族的伟大和文明的灿烂，体现着我们的民族精神和意志。对中国人民来说，这是一笔宝贵的精神财富；对当代中国社会来说，是一种重要的精神力量，是现代化建设的重要的文化和思想支撑。

珍惜并保护传统民居，不仅对于增强我们的民族自信心、自豪感和对民族文化的认同感与归属感，培育我们的民族精神和爱国主义品格，促进社会经济、文化的全面、协调、可持续发展，构建社会主义和谐社会具有重要意义；同时对维护和保持人类文明与文化的多样性，丰富人类文化生活、滋润精神家园具有不可替代的重要作用。

在做好传统民居保护的同时，我们还要在民居建筑传承创新上下力，集中力量打造一批具有地方民居风格的新建筑，作为新民居的标志和样板，引领美丽乡村建设的新潮流。

我们还要向安徽和广东省学习，如徽派建筑传承创新成效最大，并对全国造成了较大的影响；潮汕民居的传承创新紧跟其后，也形成了别具特色的地方风格（图4-21）。

世界因不同而精采，交流因不同而必要，创新因交流而迸发。

传统民居是各民族祖先创新的积累和结晶，民居创新是文化传统得以延续和发展的决定性因素。在现代化进程中保护传统民居和实现新民居创新，不仅对于中国新农村的发展具有重要的意义，而且对于世界建筑文化的繁荣也是一种贡献。文化看似柔弱，实则坚强。当历史的尘埃落定，许多喧嚣一时的东西都会烟消云散，唯有优秀的文化，会长留世间。它给人们以思想的启迪、心灵的温暖，让人们以感恩心情怀念逝去的岁月，勉励人们在报效国家、造福社会的过程中去创造有意义的人生。

文化的穿透力量是不能用语言来表达的，一方面我们需要正确对待自己的文化遗产，要让世界知道，中国人非常珍惜自己的历史，非常热爱自己的文化传统，因为文化遗产是我们的优势，它是我们同遥远的祖先沟通的唯一渠道，是我们民族悠久历史的稀世物证，也是我们中国走向未来的基础；另一方面永远保持对于世界的好奇心，保持了解世界如饥似渴的激情，吸收和学习世界一切国家和民族的优秀文化来不断丰富发展自己。这是一个民族、一个国家，防止自我封闭，不断发展进步的最重要的途径和保障。

正是这种创新思潮启迪，改革开放以来，湖北不少地方对传统民居的创新作了不少有益的探索，正在逐步形成一种社会潮流。

麻城作为明清两朝湖广移民的起点，麻城市政府新建的"湖广移民公园"吸收了的湖北传统民居建筑风格，取得较好的效果（图4-22、图4-23）。

可以相信湖北在建设美丽乡村中将有更多的新民居问世，使我们的乡村不仅美丽，而且更具有湖北的地方特色。

徽派民居（合肥市磨店乡）

潮汕民居四点金

图4-21　徽派民居和潮汕民居

287

图4-22　麻城湖广移民公园陈列室

图4-23　麻城湖广移民公园陈列室

参考文献

［1］祝建华，汤池. 曾侯乙墓漆画初探［J］美术研究，1980（2）.

［2］李国豪. 建苑拾英——中国古代土木建筑科技史料选编［M］. 上海：同济大学出版社，1991.

［3］马炳坚. 北京四合院建筑［M］. 天津：天津大学出版社，1999.

［4］傅熹年. 中国古代建筑史（第二卷）［M］. 北京：中国建筑工业出版社，2001.

［5］潘谷西. 中国古代建筑史（第四卷）［M］. 北京：中国建筑工业出版社，2001.

［6］孙大章. 中国古代建筑史（第五卷）［M］. 北京：中国建筑工业出版社，2002.

［7］国家文物局. 中国文物地图集·湖北分册［M］. 西安：西安地图出版社，2002.

［8］刘叙杰. 中国古代建筑史（第一卷）［M］. 北京：中国建筑工业出版社，2003.

［9］郭黛姮. 中国古代建筑史（第三卷）［M］. 北京：中国建筑工业出版社，2003.

［10］李秋香. 中国村居［M］. 天津：百花文艺出版社，2003.

［11］孙大章. 中国民居研究［M］. 北京：中国建筑工业出版社，2004.

［12］祝笋. 武当山古建筑群［M］. 北京：中国水利电力出版社，2004.

［13］单德启. 中国民居［M］. 北京：中国建材工业出版社，2004.

［14］王其享. 风水理论研究［M］. 天津：天津大学出版社，2005.

［15］祝建华. 武当山古建筑群［M］. 北京：中国建筑工业出版

社，2005.

［16］汪菊渊. 中国古代园林史［M］. 北京：中国建筑工业出版社，2006.

［17］李百浩，李晓峰. 湖北传统民居［M］. 北京：中国建筑工业出版社，2006.

［18］祝笋. 武当山［M］. 北京：中国水利电力出版社，2006.

［19］陆元鼎. 中国民居建筑［M］. 广州：华南理工大学出版社，2007.

［20］祝笋. 武当山紫霄大殿维修工程与科研报告［M］. 北京：文物出版社，2009.

［21］祝笋. 荆楚百处古代建筑［M］. 武汉：湖北教育出版社，2010.

后　记

　　《湖北传统民居研究》是一本系统介绍湖北传统民居的专著，本书出版将使人们对湖北传统民居文化有一个全面与深入的认识和了解，本书在编辑过程中，得到了湖北省文物局、武汉理工大学、武汉大学、华中科技大学和各地建设与文化部门的支持。

　　同时还得到了江莹、郑才元、程欢欢、张春芳、杨威、谢惠玲、丁攀、祝云峰、刘波、胡忠欢、任冬冬、李春辉、殷俊等同志的帮助，在此一并表示感谢。

　　本书文字由祝笋撰稿；照片由祝笋、王晓、王炎松、沈沁宇、刘小虎、祝建华和各地市建设与文物部门拍摄和提供；书中插图由祝笋、王晓、王炎松、沈沁宇制作完成。

图书在版编目（CIP）数据

湖北传统民居研究／湖北省住房和城乡建设厅主
编. —北京：中国建筑工业出版社，2015.6
ISBN 978-7-112-18098-1

Ⅰ. ①湖… Ⅱ. ①湖… Ⅲ. ①民居－古建筑－研究－湖北省
Ⅳ. ①TU241.5

中国版本图书馆CIP数据核字（2015）第091399号

责任编辑：陆新之　张　明
书籍设计：康　羽
责任校对：李欣慰　陈晶晶

湖北传统民居研究
湖北省住房和城乡建设厅　主编
＊
中国建筑工业出版社出版、发行（北京西郊百万庄）
各地新华书店、建筑书店经销
北京锋尚制版有限公司制版
北京顺诚彩色印刷公司印刷
＊
开本：880×1230毫米　1/16　印张：18¼　字数：500千字
2016年3月第一版　2016年3月第一次印刷
定价：180.00元
ISBN 978 - 7 - 112 - 18098 - 1
（27288）